"十四五"时期国家重点出版物出版专项规划项目

面向2035：中国生猪产业高质量发展关键技术系列丛书

总主编　张传师

减抗与替抗关键技术

○主　编　刘震坤　陈鲜鑫

○顾　问　李爱科

中国农业大学出版社

·北京·

内 容 简 介

本书内容主要包括滥用抗生素对养殖业的危害、国内外减抗与替抗的历程，以及养殖过程中减抗与替抗的具体措施。重点阐述了猪场环境控制、饲料品质及卫生控制、饲料营养价值的评定、生物饲料（发酵饲料、酶解饲料、菌酶协同发酵饲料、生物饲料添加剂等）和中兽药减抗与替抗的措施，及其在猪生产中的应用效果，以期为养猪生产、饲料生产等相关人员提供参考。

图书在版编目（CIP）数据

减抗与替抗关键技术 / 刘震坤，陈鲜鑫主编. --北京：中国农业大学出版社，2022.3

（面向 2035：中国生猪产业高质量发展关键技术系列丛书）

ISBN 978-7-5655-2741-8

Ⅰ. ①减…　Ⅱ. ①刘…②陈…　Ⅲ. ①猪病－抗菌素－用药法－研究　Ⅳ. ①S858.28

中国版本图书馆 CIP 数据核字（2022）第 043067 号

书　　名　减抗与替抗关键技术

作　　者　刘震坤　陈鲜鑫　主编

执行总策划　董夫才　王笃利　　**责任编辑**　赵　艳

策 划 编 辑　赵　艳　　**封面设计**　郑　川

出 版 发 行　中国农业大学出版社

社　　址　北京市海淀区圆明园西路 2 号　　**邮政编码**　100193

电　　话　发行部 010-62733489，1190　　读者服务部 010-62732336

编辑部 010-62732617，2618　　出　版　部 010-62733440

网　　址　http://www.caupress.cn　　**E-mail**　cbsszs@cau.edu.cn

经　　销　新华书店

印　　刷　涿州市星河印刷有限公司

版　　次　2022 年 3 月第 1 版　　2022 年 3 月第 1 次印刷

规　　格　170 mm×240 mm　　16 开本　　8.5 印张　　160 千字

定　　价　38.00 元

丛书编委会

编写人员

主　　编　刘震坤　重庆三峡职业学院
　　　　　陈鲜鑫　乐山市农业科学研究院

副 主 编　李世易　乐山市农业科学研究院
　　　　　彭津津　重庆三峡职业学院
　　　　　杨金龙　重庆市畜牧科学院
　　　　　陈亚强　重庆三峡职业学院

参　　编　（按姓氏笔画排序）
　　　　　巫梦佳　西南科技大学
　　　　　吴小玲　重庆三峡职业学院
　　　　　何先林　重庆三峡职业学院
　　　　　贺闪闪　重庆三峡职业学院
　　　　　温　倩　内江职业技术学院
　　　　　雍　康　重庆三峡职业学院

顾　　问　李爱科　国家粮食和物资储备局科学研究院

总　序

党的十九届五中全会提出，到2035年基本实现社会主义现代化远景目标。到本世纪中叶，把我国建成富强民主文明和谐美丽的社会主义现代化强国。要实现现代化，农业发展是关键。农业当中，畜牧业产值占比30%以上，而养猪产业在畜牧业中占比最大，是关系国计民生和食物安全的重要产业。

改革开放40多年来，养猪产业取得了举世瞩目的成就。但是，我们也应清醒地看到，目前中国养猪业面临的环保、效率、疫病等问题与挑战仍十分严峻，与现实需求和国家整体战略发展目标相比还存在着很大的差距。特别是近几年受非洲猪瘟及新冠肺炎疫情的影响，我国生猪产业更是遭受了严重的损失。

近年来，我国政府对养猪业的健康稳定发展高度重视。2019年年底，农业农村部印发《加快生猪生产恢复发展三年行动方案》，提出三年恢复生猪产能目标；受2020年新冠肺炎疫情的影响，生猪产业出现脆弱、生产能力下降等问题，为此，2020年国务院办公厅又提出关于促进畜牧业高质量发展的意见。

2014年5月习近平总书记在河南考察时讲到：一个地方、一个企业，要突破发展瓶颈、解决深层次矛盾和问题，根本出路在于创新，关键要靠科技力量。要加快构建以企业为主体、市场为导向、产学研相结合的技术创新体系，加强创新人才队伍建设，搭建创新服务平台，推动科技和经济紧密结合，努力实现优势领域、共性技术、关键技术的重大突破。

生猪产业要实现高质量发展，科学技术要先行。我国养猪业的高质量发展面临的诸多挑战中，技术的更新以及规范化、标准化是关键的影响因素，一方面是新技术的应用和普及不够，另一方面是一些关键技术使用不够规范和不够到位，从而影响了生猪生产效率和效益的提高。同样的技术，投入同样的人力、资源，不同的企业产出却相差很大。

企业的创新发展离不开人才。职业院校是培养实用技术人才的基地，是培养中国工匠的摇篮。中国生猪产业职业教育产学研联盟由全国80多所职业院校以及多家知名养猪企业和科研院所组成，是全国以猪产业为核心的首个职业教育“产、学、研”联盟，致力于协同推进养猪行业高技能型人才的培养。

为了提升高职院校学生的实践能力和技术技能，同时促进先进养猪技术的推广和规范化，中国生猪产业职业教育产学研联盟与中国种猪信息网&《猪业科学》超级编辑部一起，走访了解了全国众多养猪企业，在总结一些知名企业规范化先进技术流程的基础上，围绕养猪产业链，筛选了影响养猪企业生产效率和效益的12种关键技术，邀请知名科学家、职业院校教师和大型养猪企业技术骨干，以产学研相结合的方式，编写成《面向2035：中国生猪产业高质量发展关键技术系列丛书》。该系列丛书主要内容涵盖母猪营养调控、母猪批次管理、轮回杂交与种猪培育、猪冷冻精液、猪人工授精、猪场生物安全、楼房养猪、智能养猪与智慧猪场、猪主要传染病防控、非洲猪瘟解析与防控、减抗与替抗、猪用疫苗研发生产和使用等12个方面的关键技术。该系列丛书已入选《“十四五”时期国家重点图书、音像、电子出版物出版专项规划》。

本系列图书编写有3个特点：第一，关键技术规范流程来自知名企业先进的实际操作过程，同时配有视频资源，视频资源来自这些企业的一线实际现场，真正实现产教融合、校企合作，零距离，真现场。这里，特别感谢这些知名企业和企业负责人为振兴民族养猪业的无私奉献和博大胸怀。第二，体现校企合作，产、教结合。每分册都是由来自企业的技术专家与职业院校教师共同研讨编写。第三，编写团队体现“产、学、研”结合。本系列图书的每分册邀请一位年轻有为、实践能力强的本领域权威专家学者作为顾问，其目的是从学科和技术发展进步的角度把控图书内容体系、结构，以及实用技术的落地效应，并审定图书大纲。这些专家深厚的学科研究积淀和丰富的实践经验，为本系列图书的科学性、先进性、严谨性以及适用性提供了有利保证。

这是一次养猪行业“产、学、研”结合，纸质图书与视频资源“线上线下”融合的新尝试。希望通过本系列图书通俗易懂的语言和配套的视频资源，将养猪企业先进的关键技术、规范化标准化的流程，以及养猪生产实际所需基本知识和技能，讲清楚、说明白，为行业的从业者以及职业院校的同学，提供一套看得懂、学得会、用得好，有技术、有方法、有理论、有价值的好教材，助力猪业的高质量发展和猪业高素质技能型人才的培养，助力乡村振兴，为全面建设社会主义现代化国家、实现中华民族伟大复兴的中国梦提供有力的人才和技能支撑。

孙德林　张传师

2022年1月

前　言

长期以来，兽用抗生素在促进动物生长、降低动物发病率和死亡率等方面起着积极作用，但是滥用抗生素带来的危害诸如细菌产生耐药性、畜产品药物残留、污染环境等越来越影响动物和人的健康。自 20 世纪 80 年代以来，欧洲一些发达国家开始陆续禁止饲料中添加抗生素，我国于 2020 年 7 月 1 日起，禁止抗生素添加于饲料中，饲料行业进入无抗时代。无抗养殖同样带来一些问题，如动物发病率和死亡率增加、治疗用药增加、饲养成本提高等，因此养猪生产急需有效的减抗与替抗技术来应对无抗养殖带来的影响。

本书详细介绍了猪场环境控制、饲料品质及卫生控制、饲料营养价值的评定、生物饲料和中兽药等 5 个方面减抗与替抗的措施，及其在猪生产中的实际应用效果。首先是猪场环境控制，良好的养殖环境能够切断疫病传播途径，减少疾病发生，能够有效地减少治疗用药，是减抗的重要措施之一。其次是饲料品质及卫生控制，饲料中的霉菌毒素和抗营养因子等有害物质均会对动物产生不利影响，提高动物的发病率和死亡率，增加治疗用药的使用。饲料营养价值的准确评定则能够为饲料配方的合理配制提供数据基础，提高饲料中营养物质的利用率，既能保证动物的营养需求，也可避免部分营养过剩或不足导致动物的生长和生产受到影响，增加发病的风险。最后介绍的是抗生素的一些有效的替代产品，主要是生物饲料和中草药。生物饲料包括发酵饲料、酶解饲料、菌酶协同发酵饲料、生物饲料添加剂等，目前生物饲料在促进动物生长和生产、降低发病率和死亡率等方面作用明显，逐渐为研究人员、养殖生产、饲料生产等相关人员所重视。中兽药在我国已有千年的传承历史，在中兽医临床中被广泛使用且取得了较好的治疗效果，且在饲料中作为添加剂使用也越来越广泛，也是抗生素的有效替代品之一。

本书由中国生猪产业职业教育产学研联盟和中国种猪信息网&《猪业科学》超级编辑部组织编写。本书的编写得到了国家粮食和物资储备局科学研究院李爱科研究员和重庆市畜牧科学院杨金龙研究员的大力支持和精心指导，在此，我们对他们以及在本书出版方面给予支持和帮助的领导和专家们表示诚挚的感谢。

鉴于编写时间仓促，书中尚存许多遗漏与不足之处，恳请大家批评指正。

编　者

2021 年 12 月

目 录

第1章 国内外无抗养殖的发展历程

【本章提要】兽用抗生素的滥用给人和动物健康带来巨大的危害，从20世纪开始，国外养殖业逐渐开始减少抗生素的使用，并最终实现饲料全面禁止添加抗生素。欧美国家和地区从1986年开始陆续开始禁抗，我国于2020年宣布抗生素被禁止添加于饲料中。

1.1 兽用抗生素滥用的危害

兽用抗生素是用于治疗动物或预防其发生疾病，或通过加快动物生长而提高经济效益的一类药物的统称。1929年，英国学者费莱明(Fleming)首先发现了世界上第一种抗生素——青霉素。1968年，Swan将兽用抗生素分为治疗用抗生素和饲料用抗生素两类。1946年，Moore等首次报道了在饲料中添加抗生素可明显提高动物的日增重。随后，大量研究证实饲料中添加抗生素添加剂能够提高动物的生长性能，改善其饲料转化率，预防疾病。从此，抗生素开始广泛应用于饲料中。1950年年底，美国食品和药品监督管理局(FDA)正式批准在饲料中使用抗生素，并逐渐为世界各国所应用。70多年来，抗生素在防治动物疾病、提高饲料利用率、促进畜禽生长等方面发挥了重要作用，先后有60余种抗生素应用于畜牧养殖业。但是，在兽用抗生素大量使用后，其种种弊端也逐渐被人们所认识，如动物胃肠道菌群失调、产生耐药性、畜禽产品中抗生素大量残留，使畜产品的质量降低。

1.1.1 产生耐药性

细菌耐药性又称抗药性，是细菌对抗菌药物不敏感的现象，这是细菌在自身生存过程中的一种特殊表现形式。耐药性菌株，是指那些发生基因突变后进化出耐药性的细菌,基因突变是产生耐药性细菌的根本原因。在畜牧业生产中和兽医临床中长期滥用兽用抗生素,易诱发病原菌变成高度耐药性和适应性的“超级细菌”。超级细菌的耐药性可在不同菌属之间通过质粒、转座子和噬菌体等水平传播,并且可携带一种或多种抗性基因。耐药性菌株通过耐药基因的转移、扩散、传播、传代、变异可形成高度和多重耐药性菌株。

1.1.2 抗生素残留

联合国粮农组织和世界卫生组织兽药残留联合立法委员会定义,兽药残留是指用药后蓄积和存留于畜禽机体和产品中的原形药物或其代谢产物,包括与兽药有关的杂质残留。目前,饲料中添加含有抗生素的饲料添加剂,中兽药产品中添加抗生素,疫苗中添加抗生素防腐,抗菌药物与抗病毒药物组方使用,多种抗生素联合使用,甚至使用人用的抗生素药物等,导致了抗生素在动物体内严重残留。抗生素进入动物体内,只有少部分可被动物内脏器官吸收利用,有60%～90%会以原药或代谢物的形式随粪尿排出体外。动物体内残留的兽药不仅会严重影响动物的生长繁殖与生产性能的发挥,而且会降低畜禽产品的品质,直接影响动物性食品的质量,危害公共卫生安全与人类的健康。

1.1.3 降低动物免疫力

长期大量使用抗生素药物,破坏动物肠道微生物系统,造成动物机体免疫力、抵抗力下降,抗毒力因子和抗外界感染的能力特别差,从而导致疾病继发频发;抗生素杀灭有害菌的同时也损害了一些有益菌群,导致动物体内的菌群失衡,从而引发机体紊乱,可能出现二重感染。

1.1.4 污染环境

兽用抗生素进入动物体内后,大部分会以原药及其代谢物通过动物的粪尿向外排出。残留的兽用抗生素在自然环境中会不断地蓄积,污染生态环境,破坏生态环境的平衡,对土壤、水体、微生物、水生物及昆虫都会产生不良的影响。同时残留的兽用抗生素在自然环境中还会造成大量的耐药性菌株产生,使生态环境中的微生物耐药性不断地增强。残留的兽用抗生素渗入土壤与水体中,在气象条件与生物的作用下,可在各个环境要素之间循环,导致兽用抗生素在土壤与水体中长期残留。残留在土壤中的兽用抗生素,可被农作物、蔬菜、瓜果、茶树吸收,在其根、茎、叶、果实和种子中积累,再通过食物链危害人类的健康。残留的兽用抗生素污染水体后,会使水体的水质和水体底质的物理、化学性质及生物群落组成发生变化,从而降低了水体的使用价值,可直接或间接危害人类和动物的健康。

1.2　国内外禁抗历程

1986 年，瑞典基于食品安全的考虑，规定畜禽饲料中全面禁用饲用抗生素生长促进剂（antibiotic growth promoters，AGPs），成为世界上第一个不准使用 AGPs 的国家。1997 年，欧盟委员会禁止所有欧盟成员国使用阿伏霉素作为饲料添加剂。1998 年，丹麦禁止使用抗生素生长促进剂维吉尼亚霉素，1998 年 2 月，丹麦在继肉猪育肥过程中停用抗生素之后，在养牛和养鸡过程中也停止了使用所有的抗生素生长促进剂，于 2000 年开始在畜禽饲料中全面禁用抗生素。1999 年，欧盟宣布，从 1999 年 7 月到 2006 年 1 月 1 日，饲料中仅允许使用 4 种抗生素产品：莫能菌素、盐霉素、黄霉素、阿维拉霉素。2006 年，欧盟成员国全面停止使用所有抗生素生长促进剂，包括离子载体类抗生素。2011 年 7 月，韩国宣布了饲料抗生素禁用通知。荷兰行业协会规定从 2011 年 9 月开始，不再允许饲料企业为养殖场定制加药饲料。美国食品和药品监督管理局（FDA）决定从 2014 年开始，用 3 年时间，到 2017 年 1 月 1 日开始全面禁止在牲畜饲料中使用预防性抗生素。FDA 表示将敦促美国动物药业公司自愿性删除抗生素产品中有关促进动物生长、提高饲养效率的说明，今后这些抗生素产品将只能用于给动物治病，且需要接受相关监管才能使用。同时 FDA 还鼓励养殖户建立“兽医-客户-患者关系”档案，并要求养殖户建立更好的农场抗生素使用记录。此外，文件规定，农场主想要得到某类抗生素，必须要先得到兽医的处方。

1999 年，中国农业部发布了 109 种兽药在动物性食品中最高残留限量标准，2002 年又对其进行了修订，进一步严格了食用限量。2001 年修订的《兽药管理条例》对抗生素等兽药的规范使用作了严格的规定。2002 年发布的《食品动物禁用的兽药及其他化合物清单》，明确禁止了氯霉素、琥珀氯霉素等多种抗生素药物在所有食品级动物中的使用。在全球共同应对抗菌药物耐药行动策略下，我国农业部启动了减少使用兽用抗菌药物的行动计划，2015 年发布《遏制细菌耐药国家行动计划（2016—2020 年）》；2017 年发布《全国遏制动物源细菌耐药行动计划（2017—2020 年）》，明确到 2020 年，推进兽用抗菌药物减量化使用，人兽共用抗菌药物或易产生交叉耐药性的抗菌药物作为动物促生长剂逐步退出。自 2015 年起，我国农业部多次发布公告，分批禁用了数十种原料抗生素。2015 年 9 月 7 日，农业部发布的公告第 2292 号规定：自 2015 年 12 月 31 日起，停止生产用于食品动物的洛美沙星、培氟沙星、氧氟沙星、诺氟沙星 4 种原料药的各种盐、酯及其各种制剂；自 2016 年 12 月 31 日起，停止经营、使用用于食品动物的洛美沙星、培氟沙星、氧氟沙星、诺氟沙星 4 种原料药的各种盐、酯及其各种制剂。2016 年 7 月，农业部发布的公告第 2428 号规定:停止硫酸黏菌素用于动物促生长。2017 年 10 月,农业部发布的公告第 2583 号规定:禁止非泼罗尼及相关制剂用于食品动物。2018 年 2 月,农业部发布的公告第 2638 号规定:自 2018 年 5 月 1 日起,停止生产喹乙醇、氨苯胂酸、洛克沙胂等 3 种兽药的原料药及各种制剂,相关企业的兽药产品批准文号同时注销。自 2019 年 5 月 1 日起,停止经营、使用喹乙醇、氨苯胂酸、洛克沙胂等 3 种兽药的原料药及各种制剂。2019 年 7 月 9 日,农业农村部发布了公告第 194 号,决定从 2020 年 1 月 1 日起禁止生物制药企业生产畜禽促生长类抗生素;2020 年 7 月 1 日起商品饲料中禁止添加抗生素,饲料行业进入无抗时代(二维码 1-1)。

二维码 1-1　饲料禁抗

1.3　饲料禁抗对养猪生产的影响

欧洲从 2006 年饲料全面禁抗后至今已有十多年了,禁抗后的前几年产生了猪群生产性能下降,治疗用抗生素的使用量出现大幅度增加等问题,主要体现在治疗肠道疾病的用药量方面。其中,1986 年,瑞典最早禁止饲料中添加抗生素,结果猪群的日增重降低 10%,料肉比增加 8%,断奶日龄延迟 7 d。2000 年,丹麦禁用了饲料中的促生长抗生素,对于生长肥育猪,62%的猪场增重和死亡率无明显差异,但上市猪均匀度略差;对于断奶仔猪,日增重降低,死亡率提高,抗生素治疗用量增加(表 1-1)。

表 1-1　瑞典和丹麦禁抗后的前几年猪生产性能下降情况

指标	瑞典	丹麦
断奶日龄延迟	1 周以上	a
断奶至 25 kg 体重延迟	5 d 以上	a
体重 50～250 磅阶段的饲料转化率	−1.5%	1.5%
仔猪死亡率	>1.5%	a
育肥-育成期死亡率	>0.04%	>0.04%
母猪产仔数	−4.82%	−4.82%
兽医治疗成本饲用抗生素成本		增加 0.25 美元/头。
回肠炎疫苗		增加 0.75 美元/头

引自:Hayes and Jensen(2003).

a:成本总计增加 1.25 美元/头。

我国整体养猪水平相对于欧美发达国家和地区存在一定的差距,饲料全面禁抗后,我国的养猪业可能会出现一系列问题,并持续一段时间。首先,断奶仔猪由于存在断奶应激、胃肠道发育不完善、抵抗力弱等问题，失去抗生素等药物添加剂的保护，出现腹泻等肠道疾病，导致发病率和死亡率提高、生长速度慢、出栏时间延长等。其次，长期不规范的用药容易导致猪群耐药性增加、免疫抑制等问题，进一步影响生产成绩及增加养殖成本。最后，国外禁抗后数据显示，禁抗后细菌性疾病增加明显，如常见的链球菌、大肠杆菌等疾病情况增多，我国在管理、技术、环境等方面还有待提升，以致这类细菌性疾病的发病率会增加。

1.4　饲料禁抗的应对措施

在欧洲，为应对禁抗所带来的问题，饲料企业从原料的选择、低蛋白质日粮、日粮纤维的水平和来源、研究新型饲料添加剂等方面调整饲料配方，用来维护肠道健康和减少疾病的发生。饲养管理方面，更加严格执行生物安全制度，包括猪场设计、生产模式变化、推迟断奶日龄、全进全出制度等各个细节上严格执行生物安全制度，同时改善圈舍环境卫生如适当提高饲养密度、调整通风光照、控制温湿度等方面提供猪群舒适的生存环境。治疗用药方面，除了养殖现场的管理改进和设施设备的升级外，有疾病发生时必须在现场诊断后再有针对性的用药。欧盟允许饲料企业为养殖企业按照兽医处方进行加药饲料的生产，加药饲料线必须是严格独立的生产线，以防止交叉污染的出现，同时饲料厂对处方药物的储存管理、使用记录、运输等都进行单独的管理。

在我国，无抗生素日粮的研发中，目前针对营养的研究多集中于抗病营养技术、低蛋白质日粮技术以及精准营养技术三大热门营养研究领域。

1.4.1　抗病营养技术

抗病营养技术是通过营养手段提高动物的免疫力、提高动物对疾病的防御和抵抗能力，从而减少药物的使用和对环境的破坏，提高动物的生产性能。以饲粮“营养结构”平衡为核心，构建饲料抗病无抗技术体系，包括饲料配制技术、饲料加工调制技术、饲料饲喂技术等。采用综合营养技术，实现在无抗生素条件下促进动物肠道发育，提高机体的抗病能力，确保动物健康和高效生产。

1.4.2　低蛋白质日粮技术

低蛋白质日粮是指将日粮蛋白质水平降低 2%～4%，同时满足畜禽日粮中氨基酸的种类、比例及数量的营养均衡日粮。低蛋白质日粮可以增加氮的沉积，氮的利用率明显提高，氮的沉积增加 5%，尿氮每天减少 2.3 g，生物学价值提高 17%。另外，低蛋白质日粮每降低 1%的粗蛋白质，可以减少 23 kg/t 的豆粕用量。低蛋白质日粮可以保持胃肠道较高的酸性，抑制有害菌生长，有效避免和减少疾病的发生。

1.4.3 精准营养技术

精准营养即饲养精准化，是以饲养群体中每个个体的年龄、体况、生长环境等方面不同为基础，准确分析个体对营养物质的需要，在日粮中提供最佳的营养物质成分、数量比的饲养技术。“精准营养技术”是动物处于正常的生理代谢前提下，通过改变日粮组成，充分挖掘饲料中潜在营养成分，使其被动物吸收利用最大化，从而降低养分流失，节约饲养成本，减轻养殖环境污染问题的有效方法。

思考题

1. 滥用抗生素的危害有哪些？
2. 国内外禁抗后的主要应对措施有哪些？

第2章

猪场环境控制

【本章提要】饲养环境的控制与净化能够提供给猪只健康的生存环境，减少与致病菌的接触，增强抵抗力，能有效降低发病率和死亡率，减少治疗抗生素的使用。

2.1 猪场建设

我国60%生猪养殖主要以小户和散养为主，规模小、分布散，生物安全水平低，疫病发生风险较高。规模化养猪能够结合育种、饲养管理、健康管理、环境控制等综合管理，但人员、物资、猪只、车辆流动频繁，管控难度和疾病风险非常高。当疫苗质量符合养殖预期的情况下，猪场可以通过疫苗免疫控制大部分疫病，但是对于某些疫苗效果不佳的疫病，疫病防控没有捷径，唯一出路是提高猪场生物安全水平。因此，无论是家庭猪场还是规模猪场，降低发病率和死亡率，减少抗生素等药物的使用，合理的猪场建设成为加强生物安全管理的重要基础。

2.1.1 正确选择猪场地址

猪场场址选择需要考虑猪场自然地理环境和周围养殖环境。要定期对周围环境生物安全风险点开展调查和评估，及时制定有针对性的防控措施，及时消除生物安全隐患。

2.1.1.1 猪场自然地理环境

新建猪场选址应选择地势高、干燥、背风、向阳的地方。地形应整齐开阔，平坦或有缓坡。地段没有发生过重大动物疫情。水源要充足，没有被污染。有电源，方便防疫和排污。猪场与城镇居民区等人口集中区域距离应大于 500 m。猪场与最近公共道路的距离应大于 500 m。猪场离公共道路越近，周边公共道路交叉越多，生物安全风险越大。

2.1.1.2 猪场周围养殖环境

猪场周围养殖环境包括高风险场所和周围猪只养殖情况。高风险场所包括屠宰场、农贸交易市场、其他动物养殖场、垃圾处理场、车辆洗消场所等，猪场选址时应与上述场所保持一定的生物安全距离。猪场周围养殖环境主要指周边养猪场户和野猪分布情况，周围养猪场户及野猪分布与选址猪场位置越近，生物安全威胁越大，选址猪场周围猪只密度越大，生物安全威胁越大。

2.1.2 合理设计猪舍

2.1.2.1 设计猪舍建筑的基本原则

1. 符合猪的生物学特性

应根据猪对温度、湿度等的要求设计猪舍，一般猪舍温度最好保持在 10～25 ℃，相对湿度保持在 45%～75%。为了保持猪群健康，提高猪群的生产性能，降低发病率，一定要保证舍内空气清新、光照充足。

2. 适应当地的气候及地理条件

各地的自然气候及地区条件不同，对猪舍的建筑要求也各有差异。雨量充足、气候炎热的地区，主要是注意防暑降温；高燥寒冷的地区，应考虑防寒保温。

3. 便于实行科学的饲养管理

在建筑猪舍时应充分考虑到符合养猪生产工艺流程，做到操作方便，降低劳动生产强度，提高管理定额，充分提供劳动安全和劳动保护条件。

2.1.2.2 猪舍建筑类型

用于养猪生产的猪舍类型繁多，可分为如下几种。

1. 开放式猪舍

开放式猪舍可由两个山墙、后墙、支柱和屋顶组成，正面无墙为敞开状，通常敞开部分朝南。这种猪舍虽然结构简单，投资少，通风透光，排水好，但非常不利于疫病防控。

2. 半开放式猪舍

半开放式猪舍的东西两侧山墙及北墙均为完整垒到屋顶的墙体，南侧墙体多为 1 m 左右的半截墙。开敞部分在冬季可加以遮挡形成封闭状态，从而改善舍内小气候。我国北方地区为改善开放式猪舍冬季保温性能差的缺点，采用塑料薄膜覆盖的办法，使猪舍形成一个密封的整体，有效地改善了冬季猪舍的环境条件。这种半开放式猪舍建造简单、投资少、见效快，同样不利于疫病防控。

3. 封闭猪舍

通过墙体、屋顶等围护结构形成全封闭状态的猪舍形式，具有较好的保温隔热性能，便于人工控制舍内环境。全封闭式猪舍能更好地与外界环境隔离开，降低疫病由外界传入的概率，更有利于控制生物安全。

2.2　猪舍环境

猪舍内环境是动物赖以生存的物质基础，其基本由三大类组成：物理因素、化学因素和生物因素。物理因素主要体现在光照、气温、湿度等方面。化学因素主要是通过营养物质与供水条件来影响猪。生物因素包括范围很广，主要是猪机体内外的生物条件，如细菌、病毒、寄生虫等。各个因素之间不是孤立的，而是相互联系、相互制约的，环境中任何一个因素的变化，都必将引起其他因素不同程度的改变，因此猪舍内环境因素对猪的生态作用，通常是各个因素共同组合在一起的综合作用。

随着养猪业规模化发展的壮大，近几年不少国家暴发了流行性动物疫病，与此同时其他动物疾病越来越多，猪舍空气质量和疾病的预防，成为当前环境控制及疫病预防技术解决的重要问题之一。猪舍内环境与养殖生产密切相关。恶劣的猪舍环境可使猪生产性能下降，饲养成本增加，还可诱发多种疾病，甚至造成畜禽死亡。只有在适宜的环境下，才能发挥猪的最大生产潜力。因此，了解猪舍环境因素的有效参数，掌握猪舍环境控制方法，可有效缓解由猪舍环境因素而造成的饲养成本增加、疫病防控弱等问题。

2.2.1　控制猪舍温度

猪舍环境的控制主要取决于温度的控制。温度是对猪影响最大的生态因子，其直接或间接地影响猪的健康和生产力。当舍内温度过高时，猪机体散热受阻，体内蓄热，体温升高，机体代谢率提高，采食量下降，出现喘息甚至中暑；当舍内温度过低时，机体散热量增加，为维持体温，就必须提高代谢率，增加机体产热量，饲料消耗量就会增多。猪舍防寒、隔热的目的就是要克服大自然寒暑的影响，使猪舍维持在适合动物发挥正常生理功能的适宜温度范围。目前，规模化养猪企业已把控制猪舍的温度作为利用饲料营养成分的有效手段。保温隔热猪舍是畜牧生产现代化的重要标志，在实际生产中，应结合当地条件，借鉴国内外先进的科学技术，采用适宜的环境控制措施，改善猪舍小气候，同时饲养管理得当，才能取得预期效果。猪舍内空气的温度应符合表 2-1 的规定。

表 2-1　各种猪舍的标准温度参数

猪舍类别	空气温度/℃		
	舒适范围	高临界	低临界
种公猪舍	15～20	25	13
空怀妊娠母猪舍	15～20	27	13
哺乳母猪舍	18～22	27	16
哺乳仔猪保温箱	28～32	35	27
保育猪舍	20～25	28	16
生长育肥猪舍	15～23	27	13

引自:《规模化猪场环境参数及环境管理》(GB/T 17824.3—2008)。

注:表中哺乳仔猪保温箱的温度是仔猪 1 周龄以内的临界范围,2～4 周龄时的下限温度可降至 24～26 ℃。表中其他数值均指猪床上 0.7 m 处的温度和湿度。表中的高、低临界值指生产临界范围,过高或过低都会影响猪的生产性能和健康状况。生长育肥猪舍的温度,在月份平均气温高于 28 ℃时,允许将上限提高 1～3 ℃,月均平均气温低于 −5 ℃ 时,允许将下限降低 1～5 ℃。

2.2.2　控制猪舍湿度

猪舍湿度是指猪舍空气中水分含量的多少。通常使用相对湿度(RH)来表示,即猪舍内空气中实际水汽压与该温度下饱和水汽压的比值。湿度是猪舍重要的环境参数之一(表 2-2),低湿和高湿均不利于猪生长,但冬季在猪舍要保持适宜湿度水平较困难。一般认为猪舍相对湿度超过 75%为高湿,相对湿度低于 40%为低湿。猪舍内水分 70%～75%来自畜禽本身呼吸代谢作用,10%～25%来自外界空气流通,10%～25%来自地面、墙壁、水槽、饲料、垫草及排泄物的水分蒸发等。影响舍内湿度的因素主要包括外界空气的湿度、饮水系统、排水系统、通风、温度及饲养密度等。

表 2-2　猪舍相对湿度

猪舍类别	相对湿度/%		
	舒适范围	高临界	低临界
种公猪舍	60～70	85	50
空怀妊娠母猪舍	60～70	85	50
哺乳母猪舍	60～70	80	50
哺乳仔猪保温箱	60～70	80	50
保育猪舍	60～70	80	50
生长育肥猪舍	65～75	85	50

引自:《规模化猪场环境参数及环境管理》(GB/T 17824.3—2008)。

注:表中数值是代表的猪床上 0.7 m 处的湿度。表中的高、低临界值指生产临界范围,过高或过低都会影响猪的生产性能和健康状况;在密闭式有采暖设备的猪舍,其适宜的相对湿度比上述数值要低 5%～8%。

2.2.3 控制猪舍通风

通风是指在气温高的情况下，通过加大气流使动物体感舒适，缓解高温对家畜的不良影响。通风的同时还可将猪舍污浊的空气、尘埃、微生物和有害气体排出，保障舍内空气清新，这称为换气，两者是相辅相成的。通风换气是控制猪舍环境的一个重要手段，在任何季节都是必要的。但是，猪舍风速过大或者有贼风，往往会引起畜禽感冒等呼吸道疾病。因此，猪舍通风换气应该满足以下要求：排出猪舍内多余的水汽，使空气中的相对湿度保持在适宜的状态，防止水汽在物体表面凝结；维持适宜的气温；要求猪舍内气流稳定、均匀、无死角、不形成贼风；减少猪舍空气中的微生物、灰尘及猪舍内产生的氨、硫化氢和二氧化碳等有害气体。

夏季猪舍通风应尽量排出较多的热量和水汽，以减少家畜的热应激，增加动物的舒适感。而冬季由于舍外气温较低，猪舍的通风换气效果主要受舍内温度的制约。舍内温度升高，可加大通风量来排出舍内畜体、垫草或潮湿物体中的水分；舍内温度低，冬季舍外温度低于舍内，换气时必然导致猪舍温度剧烈下降，使空气相对湿度增加，甚至出现水汽在外围结构内发生结露，在此情况下，如果不及时补充热源，就无法进行有效的通风换气。因此在寒冷地区猪舍通风的控制，取决于猪舍外围结构的保温、防潮性能，也取决于猪舍内热源的补充情况。合理的通风设计，可保证猪舍的通风量和风速，并合理组织气流，使之在舍内分布均匀。

2.2.4 控制猪舍采光

光照是空气环境的重要组成部分，可通过视觉器官影响猪的生理机能和生产性能，特别是对猪的繁殖机能具有重要的调节作用。猪舍能保持一定强度的光照，还可为饲养管理和猪的活动提供便利。根据光源，可分为自然光照和人工照明。自然光照经济，但光照强度和光照时间随季节的变换而变化，且在一天中也在不断地变化，因此，为了弥补自然光照时数和强度的不足，在开放式或半开放式猪舍也应安装人工照明设备。封闭式猪舍则必须依靠人工照明，其光照强度和时数可根据具体的要求或工作需要进行控制。

2.2.4.1 自然采光

一般条件下，猪舍都采用自然光照。猪舍的自然光照的强度和时数，取决于让太阳的直射光或散射光通过猪舍开露部分或窗户的量，而进入舍内的量与猪舍的方位、舍外状况、窗户的面积及玻璃透光性、入射角与透光角、舍内的布局等密切相关。猪舍夏季要防止直射阳光，冬季让阳光直射在畜床上。这就要求在猪舍设计时要考虑采光窗户的位置、数量、性状及面积，以保证猪舍光照的需求，最大限度地利用自然光照。

2.2.4.2 人工照明

除封闭式猪舍必须采用这种方式进行采光外，一般猪舍则作为自然采光的补充光源来使用，同时也是夜间饲养管理操作必备的。

猪舍光照标准参考表 2-3。

表 2-3 主要猪舍光照标准

项目	妊娠母猪	分娩母猪	带仔母猪	初生仔猪	后备母猪	育肥猪
光照时间/(h/d)	14～18	14～18	14～18	14～18	14～18	8～12
光照强度/lx	75	75	75	75	75	50

引自：安立龙(2004)。

2.2.5 控制猪舍空气质量

猪舍空气中的污染物主要包括有害气体、微生物和微粒，它们不仅影响畜禽的正常生理机能，还造成动物发病率升高，生产性能下降，因此，在生产中，要采取有效措施来保证猪舍的空气质量，避免各种因素污染动物的环境，以确保动物正常的生活和生产。

2.2.5.1 猪舍空气中的有害气体

猪场有害气体的成分十分复杂，畜禽种类、日粮组成、粪便和污水处理方式的不同，有害气体的构成和强度也不同。猪舍内产生最多、危害较大的有害气体主要有：氨气(NH_3)、一氧化碳(CO)、二氧化硫(SO_2)、二氧化碳(CO_2)和硫化氢(H_2S)，其中对猪危害最大的是 NH_3，而毒性最强的是 H_2S。

2.2.5.2 猪舍空气中的微生物

猪舍内的微生物主要来源于舍外大气、畜禽、外来物品和人员，此外猪舍内湿度大，微粒多，微生物的来源也多。

猪舍空气中的病原微生物主要通过飞沫和尘埃两种途径传播疾病。当动物患有呼吸道疾病(如肺结核、流行性感冒、猪气喘病)时，会排出含有大量病原微生物的飞沫，可长期飘浮在空气中，侵入畜禽支气管深部和肺泡发生传染；病畜排泄的粪尿、饲料末、毛屑和皮屑等干燥形成微粒后，微粒中含有病原微生物(如结核菌、霉菌孢子)等，清扫时易被易感动物吸入，传染疾病。

2.2.5.3 猪舍空气中的微粒

猪舍内的微粒一部分由舍外空气带入，另一部分主要在舍内产生，如饲养管理人员分发饲料、清扫畜床和地面、垫草垫料的翻动、饲料加工等，此外，猪自身的活动(如咳嗽、毛屑和皮屑的脱落)也会产生微粒。

微粒对猪的危害很大。微粒可侵入猪呼吸道对呼吸道造成损害，引起哮喘、支气管炎和肺水肿等；微粒落在皮肤上，可与皮屑、皮脂和汗液混合在一起，阻碍皮脂和汗液分泌，引起皮肤干裂；微粒落在眼结膜上，使猪患灰尘性结膜炎。

2.3 粪污及病死猪无害化处理

猪场生产中会产生大量的废弃物，主要包括畜禽粪便、尿液、污水、废弃的垫料、沉渣、尸体以及垃圾等。这些废弃物含有大量的有机物质，如不妥善处理则会引起环境污染，危害人和畜禽的健康。此外，粪尿中含有大量的营养物质，在一定程度上是一种可利用资源，所以，如能对粪尿进行无害化处理，充分利用，就能变废为宝。

2.3.1 粪便的处理技术

2.3.1.1 作为肥料

猪粪便中含有大量的氮、磷、钾等植物生长所需的营养物质，是植物的优质肥料，可以改良土壤结构，增加土壤有机质含量，提高土壤肥力，从而提高作物的产量。猪粪便作为肥料常用的处理方法有生物发酵法、干燥处理、药物处理等。

2.3.1.2 作为能源

畜禽粪便可通过 2 种方式作为能源：一种是进行厌氧发酵生产沼气，另一种是将畜禽粪便直接投入专用炉中焚烧，供应生产用热。沼气的主要成分是甲烷，它是一种发热量很高的可燃气体，其热值约为 37.84 kJ/L，可为生产、生活提供能源，产气后的渣汁含有较高的氮、磷、微量元素及维生素，可作为鱼塘的饵料。同时沼渣和沼液又是很好的有机肥料。

2.3.1.3 其他处理技术

蚯蚓与蝇蛆都为杂食性、食量大、繁殖快、蛋白质含量高的低等动物。由于它们处理与利用畜禽粪便的能力很强，而且是特种动物的优质蛋白质源，所以在处理与利用畜粪方面也具有一定的实用与经济意义。

2.3.2 污水的处理技术

猪场的污水主要来源于生活用水、自然雨水、饮水器终端排出的水、饮水器中剩余的污水、洗刷设备及冲洗猪舍的水。据报道，一个万头猪场每天污水排放量为 100 t 以上。猪场污水中有机物质含量高，还含有大量的病原体。为了防止猪场对周围环境造成污染，必须加强管理，减少污水产生量，同时采取科学有效的污水处理方法。

2.3.2.1 物理处理法

物理处理法是通过物理作用，分离回收水中不溶解的悬浮状污染物质，主要包括重力沉淀法、离心沉淀法和过滤法等方法。

2.3.2.2 化学处理法

化学处理法是通过向污水中加入某些化学物质，利用化学反应来分离、回收污水中的污染物质，或将其转化为无害的物质。常用的方法有混凝法、化学沉淀法、中和法和氧化还原法等。

2.3.2.3 生物处理法

生物处理法是借助于生物的代谢作用分解污水中的有机物，使水质得到净化的过程。分为好氧生物处理法和厌氧生物处理法 2 种。

2.3.2.4 自然处理

自然处理法是利用天然水体、土壤和生物的物理、化学与生物的综合作用来净化污水。其净化机制主要包括过滤、截留、沉淀、物理吸附、化学吸附、化学分解、生物氧化以及生物的吸附等。其原理涉及生态系统中物种共生、物质循环再生原理、结构与功能协调原则，分层多级截留、储藏、利用和转化营养物质机制等。这类方法投资节约、工艺简单、动力消耗少，但净化功能受自然条件的制约。宜采用的自然处理有人工湿地、土地处理和稳定塘技术。

2.3.3 尸体处理技术

做好猪尸体的处理工作，是一项不但可以控制环境的污染，也可以防止疾病流行与传播的重要措施。目前，对尸体进行无害化处理常用的方法有焚烧法、深埋法、高温法、化制法和发酵法。

2.3.3.1 焚烧法

焚烧法是指在焚烧容器内，使病死及病害猪和相关动物产品在富氧或无氧条件下进行氧化反应或热解反应的方法。该设备主要由炉体、除尘器、燃烧器、电控系统所组成。主要适用于处理具有传染性疾病的猪尸体，此种方法能够彻底消灭病菌，但成本费用高，需要大量的能源及设备。

2.3.3.2 深埋法

目前，深埋法是处理病死猪尸体最常用的方法。深埋点应选择地势高燥，处于下风向的地点，远离居民区、水源等。深埋坑底应高出地下水位 1.5 m 以上，要防渗、防漏，坑底铺设 2～5 cm 生石灰或漂白粉等消毒药，将猪尸体投入坑内，最上层距离地面 1.5 m 以上，覆盖距地表 20～30 cm，厚度不少于 1～1.2 m 的覆土。覆土不要压太实，以免产生腐败造成气泡冒出和液体渗漏，并设置警示标识。深埋后对场地进行彻底消毒。

2.3.3.3　高温法

高温法是将病死及病害猪和相关动物产品或破碎产物输送入容器内，与油脂混合。在常压状态下，维持容器内部温度≥180 ℃，持续时间≥2.5 h(具体处理时间随处理物种类和体积大小而设定)。加热烘干产生的蒸汽经废气处理系统后排出。加热烘干产生的动物尸体残渣传输至压榨系统处理。

2.3.3.4　化制法

化制法是指在密闭的高压容器内，通过向容器夹层或容器内通入高温饱和蒸汽，在干热压力或蒸汽压力的作用下，处理病死及病害动物和相关动物产品的方法。化制法可分为干化法和湿化法 2 种。

1. 干化法

将病死及病害动物和相关动物产品或破碎产物输送入高温高压容器内，处理中心温度≥140 ℃，压力≥0.5 MPa(绝对压力)，处理时间≥4 h(具体处理时间随处理物种类和体积大小而设定)。加热烘干产生的蒸汽经废气处理系统后排出。加热烘干产生的动物尸体残渣传输至压榨系统处理。

2. 湿化法

将病死及病害动物和相关动物产品或破碎产物输送入高温高压容器内，处理中心温度≥135 ℃，压力≥0.3 MPa(绝对压力)，处理时间≥30 min(具体处理时间随处理物种类和体积大小而设定)。高温高压结束后，对处理产物进行初次固液分离。固体物经破碎处理后，送入烘干系统；液体部分送入油水分离系统处理。

2.3.3.5　发酵法

发酵法是指将动物尸体及相关动物产品与木屑、稻糠等按照一定要求混合，利用动物尸体及相关动物产品产生的生物热，分解动物尸体及相关动物产品的方法。其发酵法包括堆肥法、化尸窖法和沼气法。

1. 堆肥法

堆肥法是指将动物尸体放置于堆肥内部，通过微生物的代谢过程降解动物尸体，并利用降解过程中产生的高温杀灭病原微生物，从而达到无害化处理的目的。该方法具有投资小，技术简单，臭味小，不污染水源，能够杀灭病原并能产生肥料等优点。

2. 化尸窖法

化尸窖又称为生物降解池、无害化处理池，化尸窖法是指以适量容积的化尸窖沉积动物尸体，让其自然腐烂降解的过程。因建造简单、投入成本低、运行成本低，目前在我国普遍使用，主要适用于养殖场、镇村集中处理场等。其缺点是不能循环重复利用，在降解过程中受季节、区域影响比较大。

3. 沼气法

沼气法又称为厌氧生物发酵，在养殖业主要用于畜禽粪便的处理，产生沼气和肥料。近年来，我国开展了病死猪与猪粪混合厌氧发酵试验研究，结果表明，混合物料具有很好的产沼气的潜力，适宜于具有大中型沼气工程的规模养殖场推广应用。

2.3.4 垫草与垃圾的处理

猪场废弃的垫草及场内生活和各项生产过程的垃圾除和粪便一起用于生产沼气外，还可以在场内下风向处选一地点焚烧，焚烧后的灰土覆盖，发酵后可变为肥料。不可将场内的旧垫草及垃圾随意堆放，以防污染环境。

2.4 猪场防疫消毒

在现代化养殖场中，由于养殖密度不断增加，病原微生物的存在概率变得越来越大，且养殖密度的增加也使微生物的生存环境变得多样化，一个养猪场的生物安全很大程度上取决于该养猪场的消毒措施是否完善和严格执行，如果养猪场没有严格的消毒生产环境，就会很容易受到病原微生物的侵袭，从而引发疾病，造成经济损失。

2.4.1 消毒的意义

消毒是指通过物理、化学或生物学方法杀灭或清除病原微生物，其用于消灭传染源和切断传播途径，是防治动物传染病最为有效的手段之一。在传染病的预防与控制工作中，防疫工作者需要对传染流行过程的三个环节即传染源、传播途径、易感动物采取综合性措施，并根据传染病发生的特点对主导环节采取有效措施来预防和控制传染病。消毒与病媒防治工作就是切断传播途径、消灭传染源的主要措施。

从社会预防医学和公共卫生学的角度来看，兽医消毒工作也是防止和减少人畜共患传染病的发生、蔓延，保障人类环境卫生和身体健康的重要环节之一，尤其是对新检出的、以前未明确的感染引起的，造成地方或全球公共卫生新问题的新传染性疫病。由于人们对新传染病和不明原因传染病因认识不足，为防止疫病迅速蔓延，只能通过消毒来有效切断传播途径，才能阻止疫情迅速发展。

2.4.2 消毒方法

2.4.2.1 机械消毒

用清扫、铲刮、洗刷等机械方法清除降尘、污物以及沾染在墙壁、地面和设备上的粪尿、残余饲料、废物、垃圾等，这样可减少大气中的病原微生物。必要时，应将舍内外表层附着物一起清除，以减少感染疫病的机会。在进行消毒前，必须彻底清扫粪便及污物，对清扫不彻底的猪舍进行消毒，即使用高于规定的消毒剂量，效果也不显著。因为除了强碱（氢氧化钠溶液）以外，一般消毒剂接触少量的有机物（如泥垢、尘土或粪便等）就会迅速丧失杀菌力。因此，消毒以前的场地必须进行清扫、铲刮、洗刷并保持清洁干净。

通风可以减少空气中的微粒与细菌的数量，减少经空气传播疫病的机会。在通风前，使用空气喷雾消毒剂，可以起到沉降微粒和杀菌作用。然后，依次进行清扫、铲刮与洗刷。最后，再进行空气喷雾消毒。

2.4.2.2 物理消毒

常用的物理消毒方法见表 2-4。

表 2-4 常用的物理消毒方法

类别	消毒方法	一般剂量	主要设备	用途	安全性
过滤法			各类型滤器	液体空气的除菌	无害
	日光			对养殖场一切物体表面消毒	无害
辐射	紫外线	254 nm 波长，有效距离 2 m，30 min 以上	紫外灭菌灯	空气、薄层透明液体消毒	防止发生臭氧中毒
	γ 射线	1～30 kGy	γ 照射源	包装性物品、食品	致癌、致畸、致突变
干热	火焰		火源	对耐火焰材料消毒（如金属、玻璃等）	无害
	干热空气	160 ℃，2 h	干热灭菌箱	耐高温的玻璃和金属制品	无害
湿热	煮沸	100 ℃，10～20 min	煮锅	耐高温物品	无害
	高压蒸汽	115 ℃，30 min 121.3 ℃，15～20 min	高压蒸汽灭菌锅	耐热耐压物品	无害
	巴氏消毒	62～65 ℃，30 min； 75～85 ℃，15 s	恒温加热器	牛奶消毒	无害

2.4.2.3 化学消毒

化学消毒比其他消毒方法速度快、效率高，能在数分钟内进入病原体内并杀灭病原体。所以，化学消毒法是猪场最常用的消毒方法。

养殖场常用化学消毒剂的使用方法及适用范围见表 2-5。

表 2-5　常用化学消毒剂的使用方法及适用范围

消毒剂名称	使用浓度/%	消毒对象	注意事项
氢氧化钠	1～4	猪舍、车间、车船、用具	防止对人、畜皮肤腐蚀，消毒完用水冲洗
生石灰	10～20	猪舍、墙壁、地面	现配现用
草木灰	10～20	猪舍、用具、车船	草木灰与水 1∶5混合
漂白粉	0.5～20	饮水、污水、猪舍、用具	现配现用
福尔马林	5～10	猪舍	熏蒸消毒
来苏儿	5～10	猪舍、器械	先清除有机物
过氧乙酸	0.2～0.5	猪舍、体表、用具、地面	0.3%溶液可用作带畜喷雾消毒
新洁尔灭	0.1	猪舍、饲槽、体表	不与碱性物质混用
戊二醛	2	猪舍、用具、车船、车间	腐蚀铝制品

2.4.2.4　生物消毒法

利用微生物在分解有机物过程中释放出的生物热，杀灭病原微生物和寄生虫卵的过程。在有机物分解过程中，猪粪便温度可以达到 60～70 ℃，可以使病原微生物及寄生虫卵在十几分钟至数日内死亡。生物消毒法是一种经济简便的消毒方法，能杀死大多数病原体，主要用于粪便消毒。

2.4.3　养殖场的常规消毒管理

2.4.3.1　养殖场消毒管理制度

(1)养殖场大门处必须设有消毒池，一般长度在 2 m 以上，宽度应与门的宽度相同，水深 10～15 cm，并保证有效的消毒浓度。

(2)养殖场内应设有更衣室、淋浴室、消毒室、病畜隔离舍。

(3)进出场车辆、人员及用具要严格消毒。除经消毒池外还应经通过其他如喷雾、紫外线等消毒方式，同时更衣换鞋，确保消毒时间。

(4)猪舍门口设置消毒池与洗手池，进入猪舍需将鞋底浸泡消毒，同时用消毒液洗手消毒，再用清水洗干净。

(5)场区内每周至少消毒 1 次。场区周围及场内污水池、排粪坑、下水道出口，每周消毒至少消毒 2 次。

(6)猪舍内每周至少消毒 1 次。饲槽、饮水器应每天清洗 1 次，每周消毒清洗 1 次。

(7)消毒药应选择对人和动物安全，没有残留毒性，对设备没有破坏性，不会在动物体内有害积累的消毒剂。消毒药应定期轮换使用。

(8)每批猪出栏时，要彻底清除粪便，用高压水枪冲洗干净，待舍内晾干后进行喷雾消毒或熏蒸消毒。

(9)更衣室、淋浴室、休息室、厕所等公共场所以及饲养人员的工作服、鞋、帽等应经常清洗消毒。

2.4.3.2 猪舍的消毒方法

1. 健康猪场环境消毒

对健康猪场主要进行预防性消毒。现代化猪场一般采用每月 1 次全场彻底大消毒,每周 1 次环境、栏圈消毒。圈舍地面的预防性消毒主要是经常清扫、定期用一般性的消毒药喷洒即可。猪舍的消毒包括定期预防消毒和发生传染病时的临时消毒。预防消毒一般每半个月或 1 个月进行 1 次,临时消毒则应及时彻底。在消毒之前,先彻底清扫圈舍,若发生人畜共患的传染病应先用有效消毒药物喷洒后再打扫、清理,以免病原微生物随尘土飞扬造成更大的污染。清扫时要把饲槽洗刷干净,将垫草、垃圾、剩料和粪便等清理出去,然后用消毒药进行喷雾消毒。药液的浓度根据具体情况而定,若发生传染病,则应选择对该种传染病病原有效的消毒剂。

2. 感染场环境消毒

疫情期间消毒是以消灭病畜所散布的病原为目的而进行的消毒。其消毒的重点是病猪集中点、受病原体污染点和消灭传播媒介。消毒工作要尽早进行,每隔 2 d 进行 1 次。疫情结束后,要进行终末消毒。对病猪周围的一切物品、猪舍、猪体表进行重点消毒。对感染猪场环境的消毒是消毒工作的重点和难点。

3. 不同污染情况采取的消毒药物

猪的几种主要疫病的消毒方法见表 2-6。对尚未确诊的传染病最好采取广谱的消毒药物,同时对圈舍等采用全进全出的饲养管理方式,如不能做到可采取局部的全进全出,然后,进行清扫、冲洗,地面及墙壁用 5%氢氧化钠溶液喷淋,2～3 d 后再用清水冲洗,晾干。

表 2-6 猪的几种主要疫病的消毒方法

病名	药物及浓度	消毒方法
猪口蹄疫	5%氢氧化钠、2%戊二醛等	喷雾
猪瘟	5%氢氧化钠、2%戊二醛等	喷雾
猪流行性乙型脑炎	5%石炭酸、3%来苏儿等	喷雾
猪流感	3%氢氧化钠、5%漂白粉等	喷雾
猪伪狂犬病	3%氢氧化钠、生石灰等	喷雾
猪传染性胃肠炎	0.5%过氧乙酸、含氯消毒剂等	喷雾
猪流行性腹泻	2%戊二醛、含氯消毒剂等	喷雾
猪繁殖与呼吸综合征	3%氢氧化钠、5%漂白粉等	喷雾

续表 2-6

病名	药物及浓度	消毒方法
猪细小病毒病	3%氢氧化钠、3%来苏儿等	喷雾
猪大肠杆菌病	3%氢氧化钠、3%来苏儿等	喷雾
猪蛔虫病	5%氢氧化钠、5%来苏儿等	喷雾
猪球虫病	5%氢氧化钠、5%来苏儿等	喷雾

2.4.3.3 进场人员的消毒

人员是猪疾病传播中最危险、最常见也最难以防范的传播媒介，必须靠严格的制度并配合设施进行有效控制。在生产区入口处要设置更衣室与消毒室。更衣室内设置淋浴设备，消毒室内设置消毒池和紫外线消毒灯。工作人员进入畜禽生产区要淋浴，更换干净的工作服、工作靴，并通过消毒池对鞋进行消毒。

工作人员进入或离开每一栋舍要养成清洗双手、踏消毒池消毒鞋靴的习惯。尽可能减少不同功能区内工作人员交叉现象。技术人员在不同单元区之间来往应遵从清洁区至污染区，从日龄小的畜群到日龄大的畜群的顺序。饲养员及有关工作人员应远离外界畜禽病原污染源，不允许私自养动物。有条件的猪场，可采取封闭隔离制度，安排员工定期休假。当进入隔离舍和检疫室时，还要换上另外一套专门的衣服和工作靴。

尽可能谢绝外来人员进入生产区参观访问，经批准允许进入参观的人员要进行淋浴洗澡，更换生产区专用服装、靴帽。杜绝饲养员之间随意互相串门的习惯，工作人员应定期进行健康检查，防止人畜共患疾病。

2.4.3.4 饲养设备及用具的消毒

料槽、水槽以及所有的饲养用具，除了保持清洁卫生外，要每天刷洗 1 次，家畜的饲养用具每隔 15 d 用高锰酸钾水或百毒杀消毒 1 次，每个季度全面消毒 1 次。家禽的饲养用具要求每隔 7 d 消毒 1 次，每个月全面消毒 1 次。各种猪舍的饲养用具要固定专用，不得随便串用，生产用具每周消毒 1 次。可移动的设施器具应定期移出猪舍，清洁冲洗并置于太阳下暴晒。

2.4.3.5 猪场及生产区等出入口的消毒

在猪场入口处供车辆通行的道路上应设置消毒池，在供人员通行的通道上设置消毒槽，池(槽)内用草垫等物体作消毒垫。消毒垫以 20%新鲜石灰乳、2%～4%的氢氧化钠或 3%～5%的煤酚皂液(来苏儿)浸泡，对车辆、人员的足底进行消毒，值得注意的是应定期(如每 7 d)更换 1 次消毒液。

2.4.3.6 环境消毒

畜禽转舍前或入新舍前对猪舍周围 5 m 以内及猪舍外墙用 0.2%～0.3%过

氧乙酸或2%的氢氧化钠溶液喷洒消毒；对场区的道路、建筑物等要定期消毒，对发生传染病的场区要增加消毒频率和消毒剂量。

2.4.3.7　运输工具的消毒

使用车辆前后都必须在指定的地点进行消毒，车厢应先清除粪便，用热水洗刷后再进行消毒。

2.4.3.8　粪便及垫草的消毒

在一般情况下，猪的粪便和垫草最好采用生物消毒法消毒。采用这种方法可以杀灭大多数病原体如口蹄疫病毒、猪瘟病毒、猪丹毒杆菌及各种寄生虫卵。但是对患炭疽、气肿疽等传染病的病畜粪便，应采取焚烧或经有效的消毒剂处理后深埋。

思考题

1. 简述不同猪群的适宜饲养密度。
2. 简述不同猪舍的适宜温湿度。
3. 常见的病死猪无害化处理措施有哪些？
4. 常见的粪污无害化处理措施有哪些？

第3章

饲料品质及卫生控制

【本章提要】饲料品质及卫生控制是降低猪只发病率，维护猪只健康的重要措施，从而有效减少治疗抗生素的使用。本章主要介绍饲料品质和卫生包括霉菌毒素和抗营养因子等方面的种类和危害，以及控制措施。

3.1 霉菌毒素

霉菌毒素主要是指霉菌在其所污染的食品中产生的有毒代谢产物，通过饲料进入动物体内，引起人和动物的急性或慢性中毒，损害机体的肝脏、肾脏、生殖系统、神经组织、造血组织及皮肤组织等。

3.1.1 饲料中霉菌毒素的种类

现已知的霉菌毒素约有200种，其中能污染饲料并对家畜产生毒性的霉菌毒素约有20种，主要为黄曲霉毒素、杂色曲霉毒素、赭曲霉毒素、呕吐毒素、单端霉曲霉毒素、玉米赤霉烯酮、丁烯酸内酯、展青霉素、红色青霉素、黄绿青霉素、甘薯黑斑病毒素等。全世界每年平均损失的粮食和饲料约为总产量的20%，其中一半以上是由饲料霉变所致，在诸多霉菌毒素中，又以黄曲霉毒素最为常见，毒性最强，危害最大。

3.1.1.1 黄曲霉毒素

黄曲霉毒素(aflatoxin，AF)于20世纪60年代初发现，是主要由黄曲霉、寄生曲霉等真菌产生的一类具有生物活性的次生代谢产物，这些真菌在适宜的温度和湿度条件下可以在多种饲料中生长，而且污染可以发生在从产前、采收、处理、输送到贮藏的任何环节，黄曲霉毒素广泛存在于玉米、花生粕、糟渣类(DDGS)等饲料原料中，通过饲料加工过程并不能消除其毒性。黄曲霉毒素属于剧毒物质，低剂量长期饲喂会引起畜禽肝脏实质细胞变性、肝硬化等慢性中毒，导致畜禽生长发育迟缓，生长性能下降，母畜产仔少或不孕；短期高剂量饲喂易引起畜禽急性肝脏和脾脏损伤，出现肝细胞脂肪变性和急性肝炎等症状，导致畜禽急性死亡。目前已知的黄曲霉毒素有20多种，其中毒性最强、危害最大的是黄曲霉毒素B_1，已被世界卫生组织划定为一级致癌物质，也是目前已知的天然产生的最强致癌物之一。

3.1.1.2 玉米赤霉烯酮

玉米赤霉烯酮(zearalenone，ZEN)，主要是由多种镰刀菌属物种(如禾谷镰刀菌、枯萎镰刀菌和谷物镰刀菌)通过聚酮化合物途径进行生物合成的一种非甾体类雌激素性霉菌毒素，主要存在于组成各种饲料重要部分的玉米和其他谷类作物中，能被微生物、植物、动物和人体代谢成许多其他衍生物，导致玉米、高粱、大麦、小米和大米等受到污染。在大豆及其制品中也能发现玉米赤霉烯酮，但在玉米中的含量和检出率最高。玉米赤霉烯酮在加工过程中很难随着加工工艺的改变而发生分解，从而持续存在于动物和动物制品中。体内外试验研究表明，ZEN具有生殖毒性、免疫毒性、细胞毒性、遗传毒性等，从而导致畜禽繁殖力下降、生产性能降低、免疫抑制等问题，甚至可引起其他疾病的并发产生。ZEN随动物采食经其污染的饲料进入人和动物体内产生雌激素效应而发挥其毒性作用，特别是对于雌性哺乳动物，ZEN会影响其乳房发育，抑制多倍排卵，使其生殖周期紊乱等。生殖毒性、细胞毒性、免疫毒性、遗传毒性等是目前已经发现的ZEN可能对人类和动物造成危害的毒性作用。

3.1.1.3 呕吐毒素

呕吐毒素(deoxynivalenol，DON)也称脱氧雪腐镰刀菌烯醇，是B型单端孢霉烯族毒素。DON主要存在于玉米、小麦、大麦和甜菜渣中。DON在急性、短期和长期给药后都会对动物的健康造成伤害。家畜低剂量采食含有该毒素的饲料或牧草后，表现为生长减慢、拒食等；而大量采食后，则会出现反胃、呕吐、腹泻等症状，所以称该毒素为呕吐毒素。摄入DON产生会两种特征性毒理学效应：食欲下降和呕吐，这都是通过中枢神经系统调控的。DON与ZEA一样，都是玉米中含有的主要的霉菌毒素，主要侵害猪的肠道、骨髓、脾脏。猪若食入该毒素，则会出现拒食、呕吐、肠炎、运动失调、生殖器官受损等症状。DON也能引起母猪受胎率下降，泌乳性能降低等。

3.1.1.4 赭曲霉毒素

赭曲霉毒素主要是一些曲霉属和青霉属真菌的代谢产物，是继黄曲霉毒素后又一个受到人们广泛关注的霉菌毒素。该组毒素主要包括 7 种结构类似的化合物，通常被划分为 A、B、C 三种类型，其中 A 类(ochratoxin A，OTA)毒性最大、污染最广，广泛存在于多种粮食和畜产品中，OTA 被国际癌症研究机构(IARC)列为 2B 类致癌物，同时也是一种肾毒素，主要靶器官是肾脏。OTA 主要引起肾脏损伤，大量摄入也会导致肠黏膜炎症及坏死。赭曲霉毒素在自然污染的饲料中常见。猪摄入 1 mg/kg 的赭曲霉毒素 A 可在 5～6 d 死亡。饲喂含 1 mg/kg 赭曲霉毒素的日粮，3 个月后可引起猪烦渴、尿频、生长迟缓和饲料利用率降低。

3.1.1.5　T-2 毒素

T-2 毒素是由念珠球菌属产生的新月毒素中的一种，新月毒素已超过 100 种，饲粮中的含量超过 0.4 mg/kg 就会对动物产生中毒症状。T-2 毒素属于组织刺激因子和致炎物质，直接损伤皮肤和黏膜，表现为厌食、呕吐、瘦弱、生长停滞、皮肤黏膜坏死、胃肠机能紊乱、繁殖和神经机能障碍、血凝不良、肝功能下降、白细胞减少和免疫机能降低。T-2 毒素通过影响 DNA 和 RNA 的合成及通过阻断翻译的启动而影响蛋白质合成，而且 T-2 毒素还会引起胸腺萎缩、肠道淋巴结坏死并破坏皮肤黏膜的完整性，抑制白细胞和补体 C3 的生成，从而影响机体免疫机能。

3.1.1.6　伏马毒素

伏马毒素(Fumonisin，FB)又称烟曲霉毒素，主要是由串珠镰刀菌和轮枝镰刀菌等真菌产生，属于一种天然毒素。目前，已知的 FB 相关化合物多达 15 种，依据其化学结构中 R_1、R_2、R_3、R_4 基团的不同，FB 可分为 A、B、C 和 P 四类，其中毒性最强、被关注度最高的是 B 类中的 FB_1。国际癌症研究机构已经把 FB_1 列为 2B 类致癌物质。FB 广泛存在于世界各地的玉米、小麦、大豆等农作物中。FB 在不同地区、不同时间段、不同农作物或其加工产品中的污染情况不尽一致，推测 FB 的污染与气候条件、储存方式以及农作物或其加工产品的性质等因素有关。FB 对猪呼吸系统、心血管系统、消化系统、泌尿系统、生殖系统以及免疫系统均有不同程度的毒性效应。

3.1.2　饲料中霉菌毒素污染的现状

作为猪饲料的主要能量原料，玉米、稻谷、小麦等谷物受霉菌毒素的污染相当普遍，相对严重的有呕吐毒素、伏马毒素、玉米赤霉烯酮、黄曲霉毒素 B_1 等。在很多调查报告中，这些主要的霉菌毒素检出率都达到或接近 100%。由于各种谷物性质不一样，它们感染的菌株和产毒情况也就各有差别，脂肪含量高的谷物较易污染黄曲霉；麦类则主要以镰孢菌和麦角菌感染为主；长江沿岸及长江以南地区的谷物以黄曲霉污染为主；东北和华北的谷物以镰孢菌污染为主，西北地区的霉变概率则相对较低。按季节因素考虑时，夏季以黄曲霉为主，而冬季以镰孢菌为主，因此，在饲料配方中使用多种谷物时受霉菌毒素的危害概率就更大。总体而言，我国猪饲料及其原料镰刀菌毒素污染较重地区主要集中在华东热湿储粮生态区、华北和东北冷湿储粮生态区；黄曲霉毒素污染较重地区主要集中在华南、西南热湿储粮生态区；而青藏高寒干燥储粮生态区、蒙新干冷储粮生态区、华北干热储粮生态区、西南中温低湿储粮生态区、华南高温高湿储粮生态区的污染水平相对较低。究其原因，霉菌毒素高发区都为湿度较大地区，气温为中低温的适宜镰刀菌生长和产毒，气温为高温的适宜黄曲霉生长和产毒。

3.1.2.1　玉米

玉米通常是猪饲料中用量最大的能量饲料，也是多种霉菌生长繁殖的理想基质（图 3-1），玉米受霉菌感染的程度除了与其成熟度、玉米粒的完整度有关系外，与地域和季节也有很大关系。我国南方、北方均产玉米，但不同地区，同一季节收获的玉米所带菌属有较大差别，同一地区、不同季节、不同年份的玉米所带菌属也不一样。我国围绕玉米中的霉菌毒素已开展了很多工作，其中最受关注的就是 AFB_1、DON 和 ZEN。玉米中的 AFB_1、ZEN、DON、FB_1 和白僵菌素（BEA）污染非常普遍，多种霉菌毒素共存的比例也很高，而 T-2、HT-2、链格孢毒素等其他多种毒素的研究资料还比较少，有待进一步研究。及时收获、快速干燥和科学存储是减轻玉米霉菌毒素污染的关键措施。表 3-1 列出了我国玉米中常见的霉菌毒素及污染状况。

图 3-1　发霉的玉米

表 3-1　玉米中常见霉菌毒素及污染状况

样品	来源	发表时间	检测方法	毒素种类	样品数量	污染率	平均含量/(μg/kg)	浓度范围/(μg/kg)
玉米	国内多地区	2018 年	HPLC	AFB_1	175	94.9%	5.8	<0.5～67.6
				ZEN	183	93.4%	104.1	<10～624.3
				ZON	187	98.4%	857.4	<100～4 590.8
玉米	山东 河北 河南	2017 年	HPLC	AFB_1	44	2.3%	148.4	—
				ZEN	44	13.6%	50.8	40.7～1 056.8
				ZON	44	65.9%	831.0	5.8～9 843.3
				FB_1	44	100%	116.5	16.5～315.9
玉米粒	山东	2019 年	LC-MS/MS	BEA	71	85.9%	46.96%	0.06～1 006.6
				ENA	71	2.8%	0.13%	0.09～0.17
				ENA_1	71	4.2%	0.14%	0.09～0.16
				ENB	71	0	—	—
				ENB_1	71	4.2%	0.21%	0.10～0.32
玉米	上海	2017 年	LC-MS/MS	ZEN	50	94%	109.1	0.2～3 613.0
				α-ZOL	50	38%	3.1	0.1～13.5
				β-ZOL	50	44%	3.0	0.1～16.1
				ZAN	50	20%	6.4	0.1～37.6
				α-ZAL	50	2%	0.7	—
				β-ZAL	50	2%	0.5	—

引自：史海涛，曹志军，李键，等. 中国饲料霉菌毒素污染现状及研究进展[J]. 西南民族大学学报(自然科学版)，2019，45(4)：354-366.

3.1.2.2　小麦和大麦

小麦是世界上总产量仅次于玉米的粮食作物，也是我国的主要农作物。大麦在我国用作饲料的比例相对较低，但是在北美和欧洲被大量用作家畜的饲料。表 3-2 列出了我国小麦中常见的霉菌毒素及污染状况。DON 是小麦中污染最严重的霉菌毒素，而链格孢毒素、D-3-G、雪腐镰刀菌烯醇(NIV)、ZEN、3-ADON、15-ADON、BEA 等毒素在小麦中的污染也非常普遍。多种霉菌毒素的高共存率增加了小麦霉菌毒素的毒害作用(图 3-2)。关于 T-2、HT-2 和其他常见霉菌毒素在小麦中的调查资料非常有限。

表 3-2　小麦中常见霉菌毒素及污染状况

样品	来源	发表时间	检测方法	毒素种类	样品数量	污染率	平均含量/(μg/kg)	浓度范围/(μg/kg)
小麦	河北	2015 年	LC-MS/MS	DON	348	91.4%	240.0	<0.1~1 129
				3-ADON	348	3.2%	2.1	<0.1~2.6
				15-ADON	348	34.2	1.9	<0.1~6.0
				NIV	348	16.4%	3.2	<0.2~19.1
				ZEN	348	13.2%	8.4	<0.25~98.8
				FX	348	0	—	—
				DON-3-G	348	5.5%	2.1	<0.25~3.9
				AFB_1	348	0.28%	7.3	<0.10~7.3
				AFB_2	348	0.28%	1.2	<0.10~1.2
				AFG_1	348	0	—	—
				AFG_2	348	0	—	—
小麦	安徽	2016 年	LC-MS/MS	TeA	370	100%	289.0	6.0~3 330.7
				TEN	370	77%	43.8	0.4~258.6
				AOH	370	47%	12.9	1.3~74.4
小麦	安徽	2019 年	LC-MS/MS	DON	370	100%	17 753.8	109.6~86 255.1
				D-3-G	370	99.5%	414.4	28.3~2 957.2
				NIV	370	87.8%	250.2	0.6~2 399.7
				3-ADON	370	80.0%	39.6	0.6~284.1
				ZEN	370	68.6%	25.7	0.3~1 091.4
				15-ADON	370	67.3%	13.2	3.0~184.7
				FX	370	35.2%	8.3	1.8~48.2
小麦	山东	2019 年	LC-MS/MS	BEA	75	48.0%	0.68	0.08~3.5
				ENA	75	12.0%	0.87	0.19~3.3
				ENA_1	75	12.0%	5.33	0.25~20.9
				ENB	75	16.0%	12.55	0.38~56.3
				ENB_1	75	13.3%	15.61	0.50~61.8

引自：史海涛，曹志军，李键，等. 中国饲料霉菌毒素污染现状及研究进展[J]. 西南民族大学学报(自然科学版)，2019，45(4)：354-366.

图 3-2 发霉的小麦

3.1.2.3 农副产品及其他饲料原料

从国内外已发表的资料来看，农业、工业副产品、边角料通常是霉菌毒素污染的重灾区。各类农副产品中 ZEN、AFB_1、DON 的检出率和超标率比较高，需要格外关注。T-2 等其他常见霉菌毒素的研究资料还很少。表 3-3 列出了常用农副产品类饲料中的霉菌毒素及污染状况。

表 3-3 农副产品类饲料中常见霉菌毒素及污染状况

样品	来源	发表时间	检测方法	毒素种类	样品数量	污染率	平均含量/(μg/kg)	浓度范围/(μg/kg)
DDGS	国产和进口	2018 年	HPLC	AFB_1	65	100%	8.8	0.5～19.7
				ZEN	79	100%	289.1	10～1 169.2
				DON	82	100%	2291.1	100～6 044.7
玉米皮	国内多地区	2018 年	HPLC	AFB_1	5	100%	10.0	0.5～13.5
				ZEN	6	100%	432.1	10～1 268.6
				DON	6	100%	2 953.2	100～4 710.7
玉米胚芽粕	国内多地区	2018 年	HPLC	AFB_1	4	100%	8.0	0.5～10.3
				ZEN	5	100%	494.9	10～1 095.1
				DON	4	100%	1 688.1	1 000～2 229.1
麦麸	国内多地区	2018 年	HPLC	AFB_1	45	100%	2.5	0.5～6.4
				ZEN	50	88%	94.0	<10～439.3
				DON	53	100%	2 304.2	100～6 054.4

续表 3-3

样品	来源	发表时间	检测方法	毒素种类	样品数量	污染率	平均含量/(μg/kg)	浓度范围/(μg/kg)
小麦次粉	国内多地区	2018年	HPLC	AFB_1	22	86.4%	2.7	<0.5~4.5
				ZEN	32	96.9%	179.5	<10~1 195.9
				DON	34	100%	2 961.2	100~12 633.3
碎米	国内多地区	2018年	HPLC	AFB_1	13	76.9%	3.6	<0.5~16.7
				ZEN	13	100%	68.7	10~257.3
				DON	13	100%	1 607.3	100~4 075.4
米糠	国内多地区	2018年	HPLC	AFB_1	11	100%	3.4	0.5~6.6
				ZEN	13	100%	282.3	10~879.8
				DON	16	100%	1 532.7	100~3 148.5
豆粕	山东	2016年	LC-MS/MS	AFB_1	40	100%	69.0	0.3~872.0
				FB_1	40	27.5%	27.2	1.6~69.6
				ZEN	40	90%	33 481.6	0.1~744 371
				DON	40	47.5%	104.9	4.1~407.3
花生粕	山东	2016年	LC-MS/MS	AFB_1	20	100%	62.7	0.39~179.8
				ZEN	20	90%	305.5	0.2~3 695.9
				DON	20	65%	358.4	4.8~2 195
				FB_1	20	35%	625.7	1.2~2 215
棉籽粕	山东	2016年	LC-MS/MS	AFB_1	12	100%	55.9	0.7~425.3
				FB_1	12	75%	231.9	10.3~1 203
				ZEN	12	100%	91.6	0.4~603.3
				DON	12	75%	395.1	16.7~2 301

引自:史海涛,曹志军,李键,等.中国饲料霉菌毒素污染现状及研究进展[J].西南民族大学学报(自然科学版),2019,45(4):354-366.

3.1.2.4 商品饲料

配合饲料中的霉菌毒素,一部分来源于被污染的饲料原料,另一部分是在加工或储存过程中产生的。2016年从国内多个地区所采集的猪全价配合饲料样品中,AFB_1、ZEN和DON的阳性率分别高达100%、99.5%和100%,有96.4%以上的全价饲料样品同时检出3种毒素。根据最新版的《饲料卫生标准》(GB 13078—2017),DON、ZEN和AFB_1在全价饲料中的超标率分别为38.2%、10.8%和0.6%。DON、FB_1、AFB_1、AFB_2、ZEN、T-2、黄绿青霉素(CIT)、BEA在商品化饲料中的污染较为普遍,其他霉菌毒素的污染率及多霉菌毒素的共存率尚需更多的研究资料。表 3-4 列出了一些商品饲料中常见霉菌毒素及污染状况。

表 3-4 商品饲料中常见霉菌毒素及污染状况

样品	来源	发表时间	检测方法	毒素种类	样品数量	污染率	平均含量/(μg/kg)	浓度范围/(μg/kg)
配合饲料	山东	2013 年	HPLC	T-2	300	79.3%	83	10～735
				ZEN	300	87.3%	438	35～1 478
				FB_1	300	94.7%	2 878	20～6 568
浓缩料	山东	2013 年	HPLC	T-2	60	80.0%	83	16～201
				ZEN	60	76.7	364	62～943
				FB_1	60	100%	1 603	23～6 239
预混料	山东	2013 年	HPLC	T-2	60	80.0%	59	15～97
猪全价颗粒料	国内多地区	2018 年	HPLC	AFB_1	111	96.4%	3.5	<0.5～26.6
				ZEN	123	100%	210.7	<10～916.5
				DON	128	99.2%	1 194.0	<100～4 279.3
猪全价配合料	国内多地区	2018 年	HPLC	AFB_1	155	100%	4.0	<0.5～36.4
				ZEN	187	99.5%	129.3	<10～1 109.7
				DON	195	100%	1 018.1	100～3 400.9

引自：史海涛，曹志军，李键，等. 中国饲料霉菌毒素污染现状及研究进展[J]. 西南民族大学学报(自然科学版)，2019，45(4)：354-366.

3.1.3 霉菌毒素对猪的影响

霉菌毒素能影响畜禽的体液免疫和细胞免疫，降低畜禽对寄生虫、病毒和细菌的抵抗力。在畜禽中，猪对霉菌毒素(尤其是 ZEN 和 DON)最为敏感。霉菌毒素对猪具有很强的毒副作用，若发生霉菌毒素中毒，猪群易发猪皮炎肾病综合征，表现为：采食量降低，生长受阻，生产性能下降，繁殖性能降低，出现免疫抑制、抗体水平低下、抗病力下降，组织器官受损等。霉菌毒素对猪产生的毒害作用因在饲料中的含量、喂饲的时间、其他霉菌毒素存在与否、动物本身的物种、年龄及健康状况而有所不同。临床反应的变化可自急性中毒症状至慢性症状。常见霉菌毒素对猪的毒害作用见表 3-5。

表 3-5 常见霉菌毒素对猪的毒害作用

霉菌毒素	各阶段	摄入量	毒害反应
黄曲霉毒素/(μg/kg)	生长或育肥阶段	<100	无临床反应,残留于肝中
		200～400	生长延迟及饲料效率降低;可能造成免疫抑制
		400～800	肝显微病变,免疫抑制;血清中肝酵素活性上升
		800～1 200	生长迟缓,采食量降低;被毛粗糙,黄疸,低蛋白血症
		1 200～2 000	黄疸,低凝血素血症,抑郁,厌食,部分死亡
		>2 000	急性肝病和低凝血素血症,3～10 d 内死亡
	空怀或后备母猪	500～750	对分娩怀孕无影响,仔猪生长迟缓
呕吐毒素/(mg/kg)		1	无临床影响,对摄食量造成最低限度的影响
		5～10	采食量减少 25%～50%
		20	完全拒食,神经症状
T-2 毒素/(mg/kg)		1	无影响
		3	饲料摄食量降低
		10	饲料摄食量降低;对口腔或皮肤造成刺激;免疫抑制
		20	完全拒食,呕吐
玉米赤霉烯酮/(mg/kg)	未发情后备母猪	1～3	具雌激素作用;阴唇阴道炎,脱垂
	发情母猪或后备猪	3～10	仍有黄体及发情期,假怀孕
	怀孕母猪	>30	于配种后 1～3 周饲喂会造成早期胚胎死亡
烟曲霉毒素/(mg/kg)	所有母猪	50～100	急性肺水肿;肝病;淋巴胚细胞生殖受损;采食量降低
赭曲霉毒素	肥育阶段	200 μg/kg	屠宰时有轻度肾病变,增质量下降
		1 000 μg/kg	剧渴,生长迟缓,氮血症,糖尿症
		4 000 μg/kg	多尿,剧渴
	母猪或后备母猪	3～9 mg/kg	第 1 个月饲喂时能正常怀孕

引自:易中华. 常见霉菌毒素对猪的危害及防控策略[J]. 饲料研究,2011,10:29-32.

3.1.3.1 种公猪

公猪中毒表现为睾丸萎缩、性欲减退、精液质量下降。玉米赤霉烯酮会对公猪造成很大的危害，主要表现为小公猪的包皮肿大、乳房隆起、乳头肿大等，未去势小公猪阴茎和包皮肿大明显，还常常爬跨其他猪。研究表明，如果公猪一直采食含有 ZEN 的饲粮，就会经常出现乳头肿大、包皮水肿和睾丸萎缩等类似"雌性化"的一些特征症状。公猪饲喂含 ZEN 的饲粮一段时间后，睾丸发生萎缩，精液密度显著降低，射精量比正常时的射精量减少 40%，且精液的品质明显降低，种公猪性欲降低。

3.1.3.2 繁殖母猪

霉菌毒素中毒，母猪会出现流产、产仔数减少等。如黄曲霉毒素会导致母猪产仔少或不孕。玉米赤霉烯酮与内源性雌激素在结构上具有很高的相似度，可以通过竞争性抑制的方式与雌激素的受体进行结合，从而使雌激素的反应元件被迅速激活，对猪的繁殖造成影响，主要体现在部分未断奶的小母猪也出会出现阴唇红肿的现象，以及后备母猪频现发情症状，却多次配种不孕，断乳母猪发情期延迟或发情不明显，给这些母猪注射雌性激素疗效不明显；妊娠母猪在第 1 个月内出现流产、死胎等现象；而哺乳母猪的外观、泌乳都基本正常。这是 ZEN 体现在繁殖性能方面最主要的一个影响。ZEN 具有类似雌激素的作用，主要表现为能够抑制促卵泡激素的分泌及释放，抑制早期卵泡的成熟和发育，使母猪不断表现出发情的症状却不能进行正常方式的排卵。发生死胎的主要原因可能是 ZEN 能够改变子宫组织的形态结构，使胎儿正常发育的环境遭到破坏，而引发死胎。

3.1.3.3 仔猪

仔猪黄曲霉毒素中毒后，会出现下列症状：生长速度及饲料报酬降低，易发生外伤、凝血病，消化能力降低，淋巴功能下降以及其他许多症状。Chaytor 等(2011)研究表明，日粮中添加黄曲霉毒素和呕吐毒素均能引起仔猪采食量降低、肝脏损害、免疫机能下降及全身炎症，导致仔猪生长缓慢。

ZEN 能够对仔猪内脏器官的生长发育产生影响，对仔猪的肝脏、肾脏和脾脏的重量和发育有增长趋势，而对仔猪的消化道、心肺的发育无显著影响。研究发现，在母猪妊娠和哺乳期间饲喂含有不同水平玉米赤霉烯酮(ZEN)的母猪日粮会导致仔猪卵巢功能受损。断奶仔猪饲喂 ZEN 污染的日粮，脾脏有明显损伤，并且 IL-1β 和 IL-6 在仔猪体内的 mRNA 表达量显著增高，引起了脾脏的炎症反应。相同体重的仔猪分别饲喂含有 ZEN 1、2、3 mg/kg 的日粮，结果表明，仔猪的平均日增重和料肉比无显著变化。ZEN 及其代谢产物在猪体内有很强的合成代谢活性，将被 ZEN 污染的饲料直接饲喂刚刚断奶的仔猪，发现仔猪的采食量和日增重发生大幅度降低。因此，自然感染的 ZEN 的饲粮中可能会含有多种的霉菌毒素，是其他毒素或 ZEN 与其他毒素相互作用而引起仔猪发生生长性能下降、体重减轻。ZEN 在体内的积累达到一定的数量就会逐渐对仔猪的生长产生较强的毒副作用，降低其料肉比，仅在 ZEN 中毒的早期可能会增强生长性能。

3.1.3.4 生长育肥猪

生长育肥猪霉菌毒素中毒会表现为被毛粗乱、生长发育停滞、肉品质下降等。如黄曲霉毒素低剂量长期饲喂会导致育肥猪生长发育迟缓，生长性能下降，Rustemeyer 等(2010)研究发现，日粮中添加 500 μg/kg 黄曲霉毒素可使肥育阉猪的采食量降低，日增重减少。猪对 ZEN 最为敏感，在饲喂猪的饲粮中添加 ZEN 1～5 mg/kg，育肥猪表现为精神轻度兴奋、食欲轻度下降和泌尿生殖器官的发情样症状。

3.1.4 霉菌毒素的限量标准

全球各个国家和地区出台的饲料及其原料的霉菌毒素限量标准各有差异，但均没有覆盖所有的霉菌毒素种类，其中中国、欧盟和美国主要监控的霉菌毒素包括：AFB_1、OTA、ZEN、DON、T-2、FB。美国法规限量有黄曲霉毒素（$AFB_1+AFB_2+AFG_1+AFG_1$），指南限量有伏马毒素（$FB_1+FB_2+FB_3$），建议限量有 DON；欧盟法规限量有 AFB_1，指南限量包括 DON、ZEN、OTA、FB_1+FB_2，并要求加强关注 T-2 和 HT-2；我国法规限量包含 AFB_1、DON、ZEN、OTA、T-2，详见表 3-6。

表 3-6 国内外对饲料限量规定的霉菌毒素种类

国家和地区	法规限量	指南限量	建议限量	备注
中国	AFB_1,DON,ZEN,OTA,T-2			
欧盟	AFB_1	DON，ZEN，OTA，FB_1+FB_2		要求加强关注 T-2 和 HT-2
美国	$AFB_1+AFB_2+AFG_1+AFG_2$	$FB_1+FB_2+FB_3$	DON	

引自：李想，崔耀文，郭涛．常见霉菌毒素对猪的危害及其限量标准[J]．中国猪业，2917，12(6)：54-57,60.

3.1.4.1 我国霉菌毒素的限量标准

《饲料卫生标准》(GB 13078—2017)规定饲料中霉菌毒素的限量见表 3-7。

表 3-7 饲料中霉菌毒素的限量

种类		产品名称	限量
黄曲霉毒素 B_1 /(μg/kg)	饲料原料	玉米加工产品、花生饼(粕)	≤50
		植物油脂(玉米油、花生油除外)	≤10
		玉米油、花生油	≤20
		其他植物性饲料原料	≤30
	饲料产品	仔猪浓缩饲料、配合饲料	≤10
		其他浓缩饲料、其他配合饲料	≤20
赭曲霉毒素 /(μg/kg)	饲料原料	谷物及其加工产品	≤100
	饲料产品	配合饲料	≤100
玉米赤霉烯酮 /(mg/kg)	饲料原料	玉米及其加工产品(玉米皮、喷浆玉米皮、玉米浆干粉除外)	≤0.5
		玉米皮、喷浆玉米皮、玉米浆干粉、玉米酒糟类产品	≤1.5
		其他植物性饲料原料	≤1
	饲料产品	仔猪配合饲料	≤0.15
		青年母猪配合饲料	≤0.1
		其他猪配合饲料	≤0.25
脱氧雪腐镰刀菌烯醇(呕吐毒素) /(mg/kg)	饲料原料	植物性饲料原料	≤5
	饲料产品	猪配合饲料	≤1
T-2 毒素 /(mg/kg)		植物性饲料原料	≤0.5
		猪配合饲料	≤0.5
伏马毒素(B_1+B_2)/(mg/kg)	饲料原料	玉米及其加工产品、玉米酒糟类产品、玉米青贮饲料和玉米秸秆	≤60
	饲料产品	猪浓缩饲料、猪配合饲料	≤5

引自:《饲料卫生标准》(GB 13078—2017)。

注:表中所列限量,除特别注明均以干物质含量88%为基础计算。饲料原料单独饲喂时,应按相应配合饲料限量执行。

3.1.4.2 国外霉菌毒素的限量标准

1. 欧盟限量标准

欧盟委员会指令2002/32/EC规定了饲料中黄曲霉毒素B_1的最高限量，在欧盟委员会建议2006/576/EC中发布了饲用农产品和饲料中呕吐毒素、玉米赤霉烯酮、赭曲霉毒素A和伏马毒素的指南限量，并要求加强对T-2毒素和HT-2毒素的危害信息收集、研究和检测方法开发，详见表3-8。

表3-8 欧盟限量标准

毒素种类	饲料种类	最高限量/(μg/kg)
黄曲霉毒素B_1(AFB_1)(法规限量)	所有饲料原料	20
	猪配合饲料(幼龄动物除外)	20
	猪补充饲料(幼龄动物除外)	20
呕吐毒素(DON)(指南限量)	饲料原料谷物及其产品(玉米副产品除外)	8 000
	玉米副产品	12 000
	猪补充饲料和配合饲料	900
玉米赤霉烯酮(ZEN)(指南限量)	饲料原料谷物及其产品(玉米副产品除外)	2 000
	玉米副产品	3 000
	小猪补充饲料和配合饲料	100
	母猪、肥猪补充饲料和配合饲料	250
赭曲霉毒素(OTA)(指南限量)	饲料原料及谷物及产品	250
	猪补充饲料和配合饲料	50
	禽补充饲料和配合饲料	100
伏马毒素(FB_1+FB_2)(指南限量)	饲料原料;玉米及其产品	60 000
	猪补充饲料和配方饲料	5 000

引自:李想,崔耀文,郭涛.常见霉菌毒素对猪的危害及其限量标准[J].中国猪业,2017,12(6):54-57,60.

2. 美国限量标准

美国食品和药品监督管理局(FDA)主要关注5种真菌毒素:黄曲霉毒素、伏马毒素、呕吐毒素、玉米赤霉烯酮和赭曲霉毒素A。FDA制定了猪饲料及原料中黄曲霉毒素的执行限量(FDA,1994),详见表3-9。对伏马毒素和呕吐毒素分别提出了指南限量(FDA,2001)和建议容忍限量(FDA,2010),针对伏马毒素,规定猪日粮中玉米和玉米副产品含量不超出50%,限量20 000 μg/kg,饲料终产品中限量10 000 μg/kg;针对呕吐毒素,规定日粮中谷物和谷物副产品含量不超出20%,谷物及谷物副产品中限量 5 000 μg/kg,饲料终产品中限量 1 000 μg/kg。FDA 对于玉米赤霉烯酮和赭曲霉毒素 A 尚未制定饲料中的具体限量要求。

表 3-9　美国对猪饲料中黄曲霉毒素(AFB_1＋AFB_2＋AFG_1＋AFG_2 总量)的限量标准

猪类别	饲料种类	最高限量/(μg/kg)
	棉籽粉	300
大猪≥100 英镑,45.4 kg	玉米和花生制品	200
种猪	玉米和花生制品	100
未成年猪	玉米、花生制品,其他饲料和饲料组分(棉籽粉除外)	20

引自:李想,崔耀文,郭涛.常见霉菌毒素对猪的危害及其限量标准[J].中国猪业,2017,12(6):54-57,60.

3.1.5　饲料中霉菌毒素的检测方法

要开展有效的霉菌毒素防控,需要对一些传统观点重新进行思考,例如,霉菌毒素的产生离不开霉菌,但存在霉菌并不意味着一定会有毒素,因为霉菌不一定都能产生毒素,而且能产生毒素的霉菌通常只在特定条件下才会合成毒素。肉眼检查无霉变的饲料,也经常会含有霉菌毒素。因此,通过肉眼或实验室检测霉菌来评估饲料霉菌毒素污染程度并不准确,通过已验证的检测技术直接测定各种毒素的含量才是衡量污染程度的可靠依据。

需要注意的是,霉菌毒素测定结果的可靠性和准确性直接受检测方法的制约。样品采集、保存、粉碎、提取、过滤、净化和检测的各个步骤都会影响到最终结果的正确性和准确性。例如,霉菌毒素在饲料中的分布具有不均衡性,哪怕样品中多一粒污染严重的籽实,都会直接改变检测结果,因此采样方法是否合理直接影响结果的准确性。由于基质效应的存在,所建立的每一种检测方法在应用前,都应该对比、分析该方法在检测不同饲料时的基质效应,以便进一步优化仪器参数或者前处理方法。目前,国内科学研究和生产中应用较为广泛的是 HPLC、LC-MS/MS 和 ELISA 这 3 种技术。

3.1.5.1　目测法

在饲养畜禽时,如果出现动物拒食、饲料发热、有轻度异味、色泽变暗、饲料结块等现象,饲料可能霉变。霉菌菌丝体与饲料交织在一起,形成菌丝蛛网状物,这些结构使得饲料结块,说明菌丝体已经在大范围内生长繁殖。饲料结块是诊断饲料霉变的最简单实用的方法之一,不同的霉菌菌落特征不一,要进一步确定可通过显微镜检测确认。

3.1.5.2 高效液相色谱法(HPLC)

HPLC 法是当前检测霉菌毒素最常见的方法。常用的检测器有荧光、紫外、二极管阵列、蒸发光散射等。Gerda 为测定谷物中串珠镰刀菌毒素的含量，先将样品进行一系列前处理后，用 HPLC-FLD 法检测，荧光检测器激发波长为 330 nm，发射波长为 440 nm。在 20～250 μg/kg 添加水平上回收率为 70%，检测限(LOD)为 20 μg/kg。HPLC 法的灵敏度高、检测限低，易于规范化操作，有广泛的适用性，HPLC 法已成为实验仪器设备比较完善的实验室常用的分析方法。

3.1.5.3 液相串联质谱法(LC-MS/MS)

LC-MS/MS 系统以 HPLC 作为分离系统，以质谱仪为检测系统，实现了色谱和质谱技术的优势互补，将 HPLC 对复杂样品的优秀分离能力和质谱技术在检测上的高选择性、高灵敏度相结合。LC-MS/MS 可以分析气质联用技术(GC-MS)所不能分析的强极性、难挥发、热不稳定化合物，具有分析范围广、分离能力强、定性分析可靠、检测限低等众多优点。通过 LC-MS/MS 平台可以实现多种霉菌毒素的同时分离和准确检测。例如，Qian 等(2017)基于液质联用平台建立了可以同时检测饲料中 AFB_1、AFB_2、AFG_1、AFG_2、橘青霉素(citrinin，CIT)、T-2、HT-2、FB_1、FB_2、OTA、DON、ZEN、ZAN 的方法。张养东等(2016)通过 LC-MS/MS 测定了全株玉米青贮中 10 种霉菌毒素的含量。然而，LC-MS/MS 系统价格昂贵，技术难度较高，这在一定程度上限制了该技术在生产领域的广泛应用。

3.1.5.4 酶联免疫吸附测定(ELISA)

ELISA 是利用免疫学原理，将已知抗原吸附在酶标板上，加入酶标抗体和样品提取液均匀混合，充分反应后洗去多余抗体，加入底物，产生显色反应，最后加入终止液终止，用酶标仪测定酶底物的降解量，参照标准曲线计算试样中的抗原含量(二维码 3-1)。郭成志报道，用 ELISA 检测饲料中的青霉酸，最低检测浓度为 1.6 μg/mL；线性范围为 0.1～25.6 μg/mL；回收试验的平均回收率为 85.36%。ELISA 由于操作简单、检测速度快、成本低、使用安全等优点，适用于大批量样品的快速检测。但由于抗体的制备较困难，限制了该检测方法的应用。根据真菌毒素检测的特点，现常采用间接竞争 ELISA 和直接竞争 ELISA。

二维码 3-1 霉菌毒素的定量测定

3.1.5.5 薄层层析(TLC)

TLC 适用于多种霉菌毒素的定性和定量检测，也是我国测定食品和饲料中霉菌毒素的国家标准方法之一。其原理是用合适的提取液将霉菌毒素从不同样品中提取出来，经柱层析净化，再在薄层板上层析展开和分离，再用吸收法或荧光法对被测样品与标准品进行扫描测定其最低含量。Marijana 报道，采用 TLC 测定饲料中 T-2 毒素、单端孢霉烯族毒素及脱氧雪腐镰刀菌烯醇的含量，其检出率分别为 16.8%、27.6%和 41.2%，含量为 0.05～3.4 mg/kg。TLC 法简单、快速，设备简单且成本低，但样品前处理比较复杂，分离效率、灵敏度和回收率都较低，现主要用于定性分析。

3.1.5.6 气相色谱和气相色谱-质谱联用法(GC 和 GC-MS)

GC 和 GC-MS 技术具有分离速度快、灵敏度高等优点，但气相色谱只适用于挥发性较大且热稳定性较高的物质的分离检测，所以现主要用于镰刀菌毒素和展青霉素等的检测。Llovera 报道，直接用 MS 检测苹果汁中展青霉素含量为 4 μg/L。Zsuzsanna 用 GC-FID 或 GC-MS 检测玉米中的单端孢霉烯族毒素，GC-FID 的回收率为 66%～109%，LOD 为 0.3～0.7 mg/kg，GC-MS 的回收率为 87%～100%，LOD 为 0.05～0.35 mg/kg。气质联用法不仅能对霉菌毒素做准确的定性分析，而且检测的灵敏度也有大幅度的提高，检测限更低。

二维码 3-2 霉菌毒素的定性测定

以上检测价格较昂贵，且操作复杂。还有一种免疫胶体金快速检测方法(二维码 3-2)，可对霉菌毒素进行定性测定，价格低廉，且操作简单方便，适宜普通养殖户使用。

3.1.6 饲料中霉菌毒素的控制措施

3.1.6.1 对饲料原料的控制

1.要严把原料采购关，杜绝霉变原料入库

饲料生产企业在对原料供应商进行资质审查的基础上，对厂商提供的易被霉菌污染的进厂原料化验单进行严格的检查和验证。同时，对进厂原料进行霉菌毒素的快速检测，在第一时间控制污染源。

2.严格控制饲料水分在安全线以下

水分是引起饲料霉变的一个主要因素，当饲料中水分含量超过 15%时可导致霉菌的大量生长繁殖，饲料水分含量达 17%～18%时为真菌繁殖产毒的最适条件。当环境相对湿度为 70%，谷物含水量低于 13%、玉米含水量低于 12.5%、花生仁含水量低于 8%时，霉菌不易繁殖。因此，严格控制饲料水分在安全线以下并保证饲料干燥均匀一致是最简便有效的方法。

3.严格控制储存条件

要控制仓库的温度(比较理想的储藏温度为≤12 ℃)和湿度，注意通风，保持干燥、阴凉，定期消毒、清理环境，做好对仓库边角清理工作，防止原料在储存过程中变质，尽量缩短饲料储存时间，加快周转，防止饲料在储存中发霉变质。同时，在储存过程中使用饲料防霉剂是一种必要的措施，其用法简单方便、造价低，且效果好，合适的防霉剂主要是有机酸类或其盐类，以丙酸及其盐类应用最广。此外，需要防止虫咬、鼠害。霉菌在受过虫咬或鼠害污染的饲料中更易繁殖与产生毒素。

3.1.6.2　养殖环节的控制

1. 环境的控制

加强畜禽舍内通风换气，舍内消毒。同时定期对舍内空气、饮用水的水源、水线中的水进行监测，根据监测效果确定消毒和清洗间隔。一旦发现霉菌超标，立即查找原因，消除引起霉菌滋生的因素。及时更换垫料、清除粪便，以免造成环境的霉菌污染。

2. 使用复合益生菌

有研究表明，复合益生菌可调节动物肠道微生态平衡，增强动物机体的免疫力，有效分解黄曲霉毒素、玉米赤霉烯酮、赭曲霉毒素、麦角毒素、呕吐毒素等多种霉菌毒素，益生菌可使饲料中的霉菌毒素不被机体吸收，迅速排出体外；能显著降低动物血液中及靶器官中霉菌毒素浓度，减低霉菌毒素的毒性；解除霉菌毒素对免疫功能的抑制，保护肝、肾等重要代谢器官免受霉菌毒素的侵害。

3. 饲料霉菌毒素脱毒

饲料霉菌毒素的脱毒方法有物理脱毒、化学脱毒、吸附脱毒等，其中吸附脱毒对饲料工业及养殖业来说是一种简单易行、且为有效的脱毒方法。在饲料中添加霉菌毒素吸附剂，可起到分解和吸附霉菌毒素的作用。但在使用吸附剂时也应注意各种吸附剂对营养物质的影响及其吸附的有限性。

3.2　抗营养因子

抗营养因子是指植物代谢产生的并以不同机制对动物产生抗营养作用的物质。抗营养因子的作用主要表现为降低饲料中营养物质的利用率、动物的生长速度和动物的健康水平。

3.2.1　大豆胰蛋白酶抑制因子

3.2.1.1　饲料来源

胰蛋白酶抑制因子是指能抑制或阻碍胰蛋白酶消化作用的物质。胰蛋白酶抑制因子在抗营养因子中含量较高，是主要的一类抗营养因子，主要存在于大豆中。大豆胰蛋白酶抑制因子的抗营养机理主要体现在一方面能结合动物消化系统中的胰蛋白酶,生成有机复合物,导致胰蛋白酶不能作用于蛋白质,使蛋白质不能很好地被分解消化;另一方面它引起机体内蛋白质内源性消耗,最终会致使胰腺及其他组织器官的增生和肥大。

3.2.1.2 抗营养作用及危害

1. 对蛋白质消化率和利用率的影响

大豆胰蛋白酶抑制因子会与小肠液中的胰蛋白酶、糜蛋白酶结合,生成无活性的复合物,使酶的活性丧失,导致蛋白质消化利用率下降,同时引起动物体内蛋白质的内源性消耗。

2. 对胰腺组织的影响

胰腺是重要的消化器官,能够保证机体对于营养物质的消化吸收,同时也担负着调节消化系统中各生理过程的功能。

3. 对动物生长的影响

胰蛋白酶与抑制因子的亲和力比与胰蛋白酶底物的亲和力高,结合速度也更快,且结合形成的复合物具有紧密连接的化学键,该化学键不容易被破坏,同时也意味着不容易被机体消化吸收,所以只能通过粪便的形式排出体外,由此造成了大量氨基酸的流失,最终导致出现生长缓慢的现象。大豆胰蛋白酶抑制因子对动物生长有显著影响,但是根据动物的种类不同,影响程度的大小和胰蛋白酶抑制因子引起异常变化的部位也不尽相同。Herkelm 等研究表明,胰蛋白酶抑制因子对仔猪生长具有明显的抑制效果,在不同生长阶段的动物,对大豆胰蛋白酶抑制因子的反应强度会因年龄、种类和体重等因素的影响而不同。此外,有试验表明,大豆胰蛋白酶抑制因子对机体生长抑制的效果强弱与其在日粮中的含量相关,随着含量不断增加,仔猪生长速度也会随之下降。

3.2.1.3 处理方法

1. 热处理法

胰蛋白酶抑制剂本身为蛋白质或蛋白质的结合体,对热不稳定,充分加热可使之变性失活,从而消除其有害作用。胰蛋白酶抑制剂受加热处理而失活的程度与加热的温度、时间、饲料粒度大小和水分含量等因素有关。

用预榨浸出法、压榨法生产的大豆饼(粕),由于在加工过程中有较充分的加热,可使胰蛋白酶抑制剂失活,有害作用大大减弱或消除。溶剂浸提法或一些土法、冷榨法生产的大豆饼(粕),由于加热不充分,其中仍含有相当量的胰蛋白酶抑制剂,其营养价值大为降低,因而用于猪的饲粮时还应经过加热钝化处理。生大豆中胰蛋白酶的含量高,用于猪饲粮时应先进行加热处理。

大豆及生豆粕的加热处理方法有煮、蒸汽处理(常压或高压蒸汽)、烘烤、红外辐射处理、微波辐射处理、挤压膨化(干法或湿法挤压膨化)等。湿法加热(蒸汽、煮等)的效果一般优于干法加热(烘烤、红外辐射处理等)。通常采用常压蒸汽加热30 min,或98 kPa压力的蒸汽处理15～20 min,可使胰蛋白酶抑制剂失活。此外,挤压膨化的效果也比较好。大豆及豆粕的加热程度对其营养品质影响很大。加热不足,胰蛋白酶抑制剂破坏不充分,降低蛋白质的消化率;加热过度,虽然胰蛋白酶抑制剂已失活,但会使蛋白质发生变性,溶解度降低,特别是引起赖氨酸、精氨酸和胱氨酸的破坏或消化率降低。

2. 化学处理法

一些研究表明,大豆中的胰蛋白酶抑制剂可以通过化学处理方法使其灭活。此类方法的作用机理一般都是利用化学物质破坏胰蛋白酶抑制剂的二硫键,从而改变胰蛋白酶抑制剂的分子结构以达到灭活的目的。已采用过的化学物质(或称化学钝化剂)有亚硫酸钠、偏重亚硫酸钠、硫酸铜、硫酸亚铁、硫代硫酸钠、戊二醛以及一些带硫醇基的化合物(胱氨酸、N-乙酰胱氨酸)等。侯水生等(1994)报道,采用0.5%偏重亚硫酸钠处理生豆粕1周以上,可使胰蛋白酶抑制剂降低59.83%。

3. 酶处理法

国外有人研究用某些真菌和细菌的菌株所产的特异性酶来灭活大豆中的胰蛋白酶抑制剂,有一定的效果。国内近年有人用枯草杆菌蛋白酶对脱脂大豆粉进行水解,结果表明枯草杆菌蛋白酶可以水解去除脱脂大豆粉中所含的胰蛋白酶抑制剂,但存在的问题是同时将大豆中其他蛋白质也进行了水解。因此,用外源酶制剂来灭活大豆等豆类籽实中的胰蛋白酶抑制剂的处理方法目前仍处于研究阶段,尚未应用于生产,但它是一个有前途的方法。

4. 作物育种方法

国内外对大豆Ti基因(不含胰蛋白酶抑制剂的隐性基因)及其遗传规律的研究,为通过作物育种手段降低大豆胰蛋白酶抑制剂的活性提供了依据。Hymowitz于1986年已成功地培育出了低胰蛋白酶抑制剂的大豆新品种,其胰蛋白酶抑制剂的活性比一般大豆低50%。

3.2.2　大豆抗原蛋白

3.2.2.1　饲料来源

大豆中能引起动物发生过敏反应的蛋白质被称为大豆抗原蛋白,主要包括:大豆空泡蛋白、大豆疏水蛋白、大豆壳蛋白、大豆抑制蛋白、大豆球蛋白、伴大豆球蛋白、胰蛋白酶抑制因子等。目前已证实大豆及其制品中所含的具有免疫活性的大豆球蛋白(11S)和β-伴大豆球蛋白(7S)是引起仔猪过敏反应的主要物质,占大豆籽实总蛋白的65%～80%。

3.2.2.2 抗营养作用及其机理

抗原蛋白的消化主要是在相应蛋白酶的作用下转化为小肽和氨基酸，再由肠上皮细胞通过相应的转运载体转运吸收。但由于7S和11S抗原蛋白相对分子质量很大，所以仍有一小部分以完整的大分子形式穿过肠道上皮屏障完整地进入了血液和淋巴，刺激机体产生免疫应答从而使机体致敏。幼龄动物肠道发育不成熟，在断奶后会引起小肠绒毛的严重脱落，饲料蛋白质以没有降解完全的大分子物质进入肠道黏膜间隙时，容易导致过敏反应发生。研究表明，7S对仔猪的致敏作用高于11S，大豆抗原蛋白免疫剂对仔猪具有一定的免疫保护作用，且对7S的免疫效果优于11S，注射免疫的效果要优于相同剂量的口服免疫。

3.2.2.3 危害

由于仔猪的消化系统发育尚不成熟，分泌酸和消化酶的能力不足，当大量未消化的大豆抗原物质直接被肠道吸收后，引起过敏反应，主要表现在血清中大豆抗原特异性抗体显著升高，同时造成肠道损伤、腹泻等不良反应的发生。用不同蛋白质源日粮饲喂断奶仔猪，仔猪小肠组织形态结构发生变化，其中大豆蛋白源日粮对仔猪肠道的影响较动物蛋白替代部分总蛋白严重，且由大豆蛋白源引起的仔猪腹泻最为严重，腹泻开始早，持续时间最长，可见大豆抗原蛋白严重影响了断奶仔猪的肠道健康。

3.2.2.4 处理方法

1. 物理方法

物理方法包括普通加热和膨化处理。大豆球蛋白、β-伴大豆球蛋白是热稳定性抗原蛋白，直接加热并不能彻底破坏其抗原活性，且在破坏大豆抗原蛋白天然分子表面抗原表位的同时，也会暴露出新的抗原表位。膨化是指让原料在加热加压的情况下突然减压而使之膨胀的过程，这是对原料既加热又进行机械破裂的过程。将大豆原料膨化后会导致其抗营养因子失活，而且可使细胞壁破裂。相关研究表明，膨化加工的大豆粕能降低仔猪血清中大豆球蛋白和β-伴大豆球蛋白的抗体效价，并能减轻仔猪对大豆蛋白的过敏反应程度。

2. 化学方法

化学方法包括糖基化、溶剂浸泡、离子强度改变等方法。糖基化反应是以美拉德反应为基础进行的无酶化反应，用糖与蛋白质进行反应结合，改变了大豆球蛋白的致敏结构，从而降低其抗原性，糖基化反应有效降低了大豆分离蛋白的抗原性。化学方法主要是用有机或无机溶剂对大豆进行处理，除了乙醇之外，还可以利用尿素、亚硫酸钠、偏重亚硫酸钠、半胱氨酸、硫酸加过氧化氢处理大豆及其饼(粕)，不同的溶剂对应不同种类的抗营养因子会有不同程度的去除效果，此外需要注意的是，在采用溶液浸泡的过程中，既有水溶性物质的损失，又存在产品烘干耗费热能的弊端，并且还含有害溶剂的残留，不易在实际生产中广泛推广，还需进一步研究改进。陈霞等(2010)研究发现，pH 及离子强度对热稳定蛋白的稳定性均有较大的影响，碱性环境比酸性环境对蛋白质的稳定性影响大，离子强度与热稳定蛋白稳定性之间呈负相关，随着离子价态的升高，蛋白质稳定性随着降低。

3. 生物方法

生物处理可以消除豆粕中多种抗营养因子，并且会产生许多种小肽，而小肽具有很高的营养利用价值，且加工过程中简单方便无残留，无毒副作用，较安全可靠。生物方法主要包括微生物发酵、酶解预处理等。大量研究表明，豆粕经微生物发酵后，可降低大豆蛋白的抗原性，有利于动物的生长发育和肠道的吸收利用。酶的水解作用是降低大豆蛋白抗原性的有效方法，但其作用程度受酶的种类、水解程度以及水解前处理等诸多因素的影响。

3.2.3 棉酚

3.2.3.1 饲料来源

棉酚主要存在于棉籽胚叶上的色素腺体中，按其存在形式可分为游离棉酚(free gossypol，FG)和结合棉酚(bound gossypol，BG)2 类，游离棉酚对家畜具有毒性，结合棉酚无毒。棉酚含量约占棉饼干物质质量的 0.03%，可与许多金属元素作用，如棉酚可与铁盐生成不溶于水的沉淀物，这一反应常用于棉籽饼的脱毒，但仍有少量游离棉酚残留在饼(粕)中。棉籽饼(粕)毒性的强弱主要取决于游离棉酚含量的多少。游离棉酚的含量又因品种、栽培环境和制油工艺的不同而异。我国棉籽饼可分为 3 种：机榨饼、浸出粕和土榨饼，其中浸出粕中游离棉酚含量最低。

3.2.3.2 抗营养作用及危害

游离棉酚是心、肝、肾等实质器官细胞、血管和神经的毒物，能够刺激胃肠黏膜，引起胃肠炎；显著影响雄性动物的生殖机能；影响禽蛋品质，使蛋黄颜色变为黄绿色或红褐色；影响蛋白质、铁的吸收以及某些酶的活性；降低棉籽饼(粕)中赖氨酸的有效性等。棉籽饼(粕)被家畜摄入后，大部分游离棉酚在消化道中形成结合棉酚，由粪直接排出，只有小部分被吸收，因而临床上常见的棉酚中毒，是由于长期低量饲喂所引起的慢性蓄积中毒，采食后 1～30 d 发病。主要表现为：食欲减退或废绝，渴欲增进，生长抑制；精神沉郁，后肢无力，呼吸困难；先便秘后拉稀，粪便恶臭、呈褐色。动物品种不同，对游离棉酚敏感性也不同。猪对棉酚敏感。

3.2.3.3 处理方法

一般采用的脱毒方法有：硫酸亚铁法、碱处理法、加热处理法和微生物发酵去毒法。其中，硫酸亚铁法是目前国内外普遍采用的方法，在棉籽饼(粕)中按游离棉酚含量的5倍加入硫酸亚铁去毒喂猪。其原理是硫酸亚铁中的Fe^{2+}能与游离棉酚螯合，使游离棉酚中的活性醛基和羟基失去作用，形成不能被动物吸收的复合物而随粪便排出，从而减少机体对棉酚的吸收量。

3.2.4 植酸

3.2.4.1 饲料来源

植酸是一种淡黄色或棕褐色浆液性黏稠体，存在于大多数谷物籽粒、豆类、坚果、油料种子、块茎、花粉、细菌与真菌孢子以及有机质土壤中。在谷物籽粒、油料种子和豆科植物中，植酸磷占了总磷质量分数的60%～97%，而在块根和块茎中总磷的21%～25%也是以植酸盐的形式存在。植酸钙镁复盐则存在于谷物、豆类以及油料作物的种子和胚中，其中在米糠、菜籽和麦麸中的含量最丰富。研究证明，植酸及其不同的存在形式占了植物体及谷物籽粒质量分数的0.4%～10.7%。

3.2.4.2 抗营养作用及其机理

植酸是一种抗营养因子，它能直接或间接地结合矿物质离子、蛋白质和淀粉等，结合的结果是改变了饲料原料或者食品中某种组分的溶解度以及生物体对它们的利用效率。在正常pH条件下，植酸的磷酸基团呈现负电荷，因而可以结合带正电荷的离子以及蛋白质，结合形成的螯合物性质稳定，最终影响畜禽，特别是猪对矿物质元素和蛋白质的消化和吸收。

3.2.4.3 危害

1. 降低饲料原料中矿物质元素的利用率

谷物籽粒中的植酸结合了其总磷含量的2/3，这部分磷不易被单胃动物消化吸收，最终随着粪便排出体外，这不仅降低了畜禽对磷的利用效率，同时排出的磷也对环境造成了一定的污染。植酸不仅结合磷，也能螯合其他带正电荷的Zn^{2+}、Ca^{2+}、Cu^{2+}、Mg^{2+}、Mn^{2+}、Cd^{2+}、Fe^{2+}、Fe^{3+}等二价或多价金属离子，形成难溶的植酸盐络合物，从而降低了矿物质元素的溶解度。

2. 降低饲料氨基酸和能量的消化率

植酸不仅能够降低矿物质元素的利用率，还影响氨基酸和能量的利用率。在能量利用方面，一方面植酸通过直接结合碳水化合物、脂类和蛋白质等产能物质，降低能量的利用率；另一方面植酸还可通过结合内源酶和参与能量生成所需要酶的辅助因子——金属离子而间接降低能量消化率。同时，植酸也可以增加内源性Na^{+}的分泌，从而影响消化道对氨基酸和葡萄糖的吸收。

3. 降低畜禽的生产性能

在日常生产中为了提高畜禽的生长性能，经常在畜禽日粮中添加一定量的植酸酶，这不仅可以提高磷的有效性，而且可以减弱植酸的其他抗营养作用。

3.2.4.4　处理方法

目前，减少植酸的处理方法主要是在饲料中添加植酸酶，植酸酶的广泛应用对于减少植酸抗营养作用发挥了重要作用。植酸酶是催化磷酸盐从植酸中逐级分解的酶，它可以减少植酸的负面作用。植酸酶大部分来源于微生物和植物体，一小部分来自动物。Rapp 等证明，微生物中合成的植酸酶比植物中合成的植酸酶分解植酸的效果更突出。然而，植酸酶对植酸磷的水解作用也受日粮无机（非植酸盐）磷和钙水平、日粮内源植酸酶活性和非淀粉多糖含量等因素的影响。最新研究表明，植酸酶的超量添加对于动物生长性能有较大的改善，目前在畜禽饲料中得到广泛应用。从已有的研究结果来看，植酸酶添加量达到 2 000～3 000 IU/kg时，畜禽的增重提高明显，耗料增重比呈下降趋势，但机制未完全阐明。

3.2.5　单宁

3.2.5.1　饲料来源

单宁又被称为多酚，依据其化学性质可分为水解单宁（邻苯三酚类）和缩合单宁（儿茶酚类）2 类，广泛存在于水果、蔬菜、豆类及谷物中。水解单宁广泛存在于茶、葡萄、咖啡、花生、豆类及各种坚果中。而缩合单宁常存在于双子叶植物的花、茎秆和树皮中，在乔灌木中含量最高，其次是菜籽、高粱和豆科植物，但在禾本科植物中较少见。因为缩合单宁具有较强的抗营养作用，所以它在饲料中被称为抗营养因子。

3.2.5.2　抗营养作用及危害

1. 降低采食量

单宁降低畜禽的采食量表现在：一方面通过与唾液蛋白、糖蛋白等物质相互作用产生苦涩味，影响适口性；另一方面还可通过对畜禽消化道多个位点的消化酶产生抑制作用，进一步影响畜禽对营养物质消化吸收和利用。

2. 影响饲料营养成分利用率

单宁的多酚结构使其可与多糖、维生素、矿物质和蛋白质等物质形成不易被消化吸收的螯合物，从而降低营养物质的利用率。还有一部分单宁通过消耗甲硫氨酸而在消化道内被水解为没食子酸，影响畜禽基体对甲硫氨酸的利用。Pan 等通过试验研究证明，单宁是影响生长猪对高粱消化代谢能和能量表观消化率及其预测方程的关键因子，即当高粱单宁每升高 1 个百分点，那么代谢能和消化能降低约 0.836 MJ/kg。在高粱中，和单宁结合的蛋白质主要有醇溶蛋白和一部分脯氨酸含量高的蛋白质，有试验表明，高粱中不消化的蛋白质残渣是醇溶蛋白，但是对于其他植物中单宁结合的蛋白质类型鲜见报道。

3. 对动物的毒害作用

单宁的毒害作用表现为其在畜禽体内被水解成多种小分子酚类化合物，这些酚类化合物在畜禽体内积累到一定量就会引起食欲降低、体温下降，甚至出现蛋白尿等症状，且高剂量单宁也会损伤畜禽的消化系统。

3.2.5.3 处理方法

1. 物理方法

物理方法包括机械法(脱种皮)、热处理(水煮、加热、微波处理及红外线加热)等。高粱种皮中单宁含量较高，通过脱种皮的方法虽然可以去掉高粱中大部分单宁，但是高粱中的蛋白质也会损失一部分。高温处理可以消除 70%以上的单宁，但是高温使饲料中蛋白质变性，同时还会损失其他营养物质，而且高温还会增加耗能。

2. 化学方法

常用的化学方法是对饲料及原料采用碱处理破坏单宁结构和功能，或者加入聚乙二醇等络合剂消除单宁。

3. 微生物降解单宁

微生物降解单宁的原理是在一系列酶的作用下，使一部分单宁降解成小分子物质作为碳的来源被利用，还有一部分转化为小分子的酚类衍生物排出体外。单宁被认为是在植物为防御未来侵害而产生的次级代谢产物，但是仍发现，有一部分微生物在含单宁的植物中稳定存在并可分泌单宁酶而降解单宁。单宁酶即单宁酰基水解酶，它能够将单宁酸水解产生葡萄糖和没食子酸酯。目前，单宁酶在饲料方面有一定应用，但工业生产单宁酶的成本较高。

3.2.6 硫代葡萄糖苷和芥子碱

3.2.6.1 饲料来源

目前，已从数百种植物中发现了 120 多种硫代葡萄糖苷，大多数以钾盐的形式广泛存在于油菜、芥菜、甘蓝、萝卜菜等十字花科及相关物种中。以油菜为例，其各部分均含有硫苷，以种子中含量最高。

3.2.6.2 抗营养作用及危害

硫代葡萄糖苷本身无毒，被家畜采食后，由于芥子酶的作用很快被水解为噁唑烷硫酮(OZT)、异硫氰酸盐(ITC)等一些对动物有毒的代谢物，使菜籽饼(粕)难以作为优质蛋白质饲料资源加以充分应用。硫代葡萄糖苷对猪的影响大，主要表现为精神沉郁、消瘦、站立不稳、腹泻、生产性能降低、生长缓慢、甲状腺肿大，严重者出现"骨短粗病"等。此外,油枯饲料中还含有少量的芥子碱、单宁等,它们有苦涩味,能影响饲料的适口性。

3.2.6.3 处理方法

菜籽饼(粕)的脱毒方法中以含水乙醇浸出法、化学添加剂处理法脱毒较好。一定要严格控制菜籽饼(粕)的饲喂量,未经脱毒处理的饲料最好不要饲喂动物,尤其是母畜和幼畜。一般菜籽饼(粕)在饲料中的安全限量为:蛋鸡、种鸡为5%,生长鸡、肉鸡为10%~15%;母猪、仔猪为5%,生长育肥猪为10%~15%。同时,还应注意油枯饲料的用量应逐渐增加,最好与其他饼(粕)或动物性蛋白饲料搭配使用。

3.2.7 非淀粉多糖

3.2.7.1 饲料来源

非淀粉多糖(non starch polysaccharide,NSP)是植物组织中除淀粉以外所有碳水化合物的总称,包括纤维素、半纤维素和果胶类物质等。常与蛋白质和无机离子等结合在一起,是细胞壁的主要成分,不能被单胃动物自身分泌的消化酶水解。常见饲料中非淀粉多糖分布于谷物籽实及副产品及豆科作物中。

3.2.7.2 抗营养作用及危害

1.增加食糜黏度

谷物饲料中含有大量可溶性非淀粉多糖,能结合大量水分,增加消化道内容物的黏稠度。肠道食糜的抗营养作用表现在以下方面。

(1)食糜的高黏度降低了食糜的流通速度　水溶性非淀粉多糖可使肠内容物呈浓稠的胶冻样,因此减缓了肠道食糜通过消化道的速度,从而降低了畜禽的采食量。但实际上肠道的运动加强了,增加了内源蛋白质、水分、矿物质和脂肪酸的分泌,这就意味着养分消耗增加。

(2)食糜黏度增加,糖、氰基酸等养分向回肠黏膜移动速度减慢　如脂肪有效消化的前提条件是乳化,而乳化需要有力充分的混合作用。高黏度的条件下脂肪的消化率明显降低。

(3)非淀粉多糖与内源酶结合,阻止了酶同其他底物发生反应　研究表明,在饲喂大麦口粮时,会降低畜禽食糜中胰酶活性,并发生胰腺代偿性肥大,饲喂生豆粕时也会出现类似的情形。水溶性非淀粉多糖与肠黏膜表面的多糖蛋白复合物相互作用导致黏膜表面水层厚度增加,降低养分吸收。

2.改变肠道微生物菌落

动物日粮表面部附着大量微生物,由于食糜在动物消化道中流通速度快,细菌及其他有害微生物没有来得及附着于胃、肠黏膜表面,即被排出体外。另外,消化道中有益微生物对有害微生物严重抑制使其难以定居。如果饲喂小麦、大麦和黑麦等日粮后，肠道细菌数量增加的原因，一是养分消化率降低为细菌生长繁殖提供了良好的环境，二是食糜通过消化道的速度降低，从而大大减少了菌群的移动速度，使细菌得以在小肠上定居下来。细菌数量的增多加剧了宿主和细菌之间对养分的竞争，破坏了肠道有益微生物菌群，动物表现腹泻、采食量下降、生长缓慢、生产性能下降。

3. 非淀粉多糖起到营养屏障作用

非淀粉多糖中的阿拉伯木聚糖、β-葡聚糖和纤维素都存在于谷物的细胞壁中，动物内源酶不能降解这类物质，只有通过外源酶的作用才能将其内部营养物质释放出来，所以阻碍了消化酶与营养物质的接触起营养屏障作用。

3.2.7.3 处理方法

1. 添加酶制剂

添加非淀粉多糖酶制剂能有效地降解非淀粉多糖糖苷键，在很大程度上降低了非淀粉多糖的抗营养特性。在大麦、小麦和黑麦为主要能量来源的基础日粮中添加葡聚糖酶或戊聚糖酶是降低肠道内容物黏度，提高动物生长性能的有效途径。

2. 非淀粉多糖的微生物降解

选择和筛选非淀粉多糖酶高活性菌株，在饲料原料不经过高压灭菌的自然条件下，菌株能够以此为基质大量生长繁殖，抑制杂菌生长、抗逆性强，在有效降解非淀粉多糖的前提下，不产生有毒有害代谢物。

3. 适当的加工处理方法

对谷物饲料原料粉碎粒度不宜过细。过细的饲料导致非淀粉多糖的持水能力提高，胃肠道内容物黏度显著提高，如粗麦麸显著缩短了食糜的过肠时间，对维持肠道正常菌群是有益的。

思考题

1. 饲料中常见的霉菌毒素有哪些？
2. 控制饲料中霉菌毒素的措施有哪些？
3. 植物饼(粕)中的抗营养因子有哪些？
4. 非淀粉多糖的抗营养作用有哪些？

第4章

饲料营养价值的评定

【本章提要】饲料营养价值的精准评定为准确衡量饲料的质量状态以及合理利用饲料提供科学依据。提高饲料营养价值精准评定结果的科学性和准确性，能够对饲料配方的配制以及提供给动物的精准营养水平奠定基础，避免造成营养过剩、营养不均衡以及营养水平不够等现象，达到饲料营养最大程度的合理利用，从而降低动物发病率，提高动物免疫力，减少养殖过程中抗生素等药物的使用。

4.1　饲料营养价值的评定方法

饲料营养价值是指动物饲料本身所具有的营养成分以及这些营养成分被动物消化利用后所产生的营养效果。饲料的营养价值评定是指对饲料中的营养成分和其他物质的含量进行分析，对动物饲料中营养物质具体在动物体内的利用效率以及饲养效果进行测定和评估。同一种饲料原料，不同产地、不同季节、不同年份甚至不同存储时间，营养价值都可能存在较大差别，因此在制作饲料配方时，就有必要对每批饲料进行精准的营养价值评定，否则就会出现配方营养含量的计算值与实际值有较大误差，导致实际生产的饲料营养含量偏高或者偏低，造成饲料营养的过剩或不足，进而可能影响猪群健康。

饲料营养价值评定是饲料学的重要内容，长期以来形成了一系列试验方法，并不断加以完善和改进。评定饲料营养价值的方法很多，主要有化学分析法、消化试验法、平衡试验法、饲养试验法、屠宰试验法、同位素示踪技术、外科造瘘技术以及无菌技术等。对营养价值评定方法的基本要求是准确、快速、费用少。

4.1.1 化学评定法

4.1.1.1 常规成分分析法

常规成分分析法是由德国 Weende 试验站的 Henneberg 和 Stohmann 两位科学家在 1864 年创立的，这种方法称为 Weende 饲料分析体系，也就是饲料常规成分分析体系，也称饲料近似成分分析或饲料概略分析。该法将饲料中的营养物质分为六大类，即水分、粗蛋白质(CP)、粗脂肪(EE)、粗纤维(CF)、粗灰分(Ash)、无氮浸出物(NFE)(二维码 4-1、二维码 4-2、二维码 4-3 和二维码 4-4)。

二维码 4-1 饲料中水分的测定

二维码 4-2 饲料中粗蛋白质的测定

二维码 4-3 饲料中粗脂肪的测定

二维码 4-4 饲料中粗灰分的测定

常规成分是进行饲料原料和产品质量控制的最基本的指标。我国商品饲料和饲料添加剂必须按照《饲料标签》(GB 10648—2013)要求，设计制作饲料标签，并必须注明产品成分分析保证值，蛋白质饲料、配合饲料、浓缩饲料、精料补充料等必须标明水分、灰分、粗蛋白质、粗纤维、钙、磷和食盐等成分。凡是申请饲料生产登记许可证的商业性饲料加工企业必须配备常规成分的检测设备和持有上岗证的检测人员，以便为产品质量提供基本的保证。

1. 水分

饲料中的水分包括游离水和结合水。待测样品在 103 ℃烘箱内，在大气压下烘干，直至恒重，逸失的质量即为水分。

2. 粗蛋白质(CP)

粗蛋白质是饲料中一切含氮化合物的总称，包括真蛋白质和非蛋白质氮。测定原理是待测样品在催化剂作用下，浓硫酸破坏有机物，使待测样品中的含氮化合物转化成硫酸铵。然后加入强碱进行蒸馏使氨逸出，用硼酸吸收后，再用酸滴定，测出氮含量，将结果乘以换算系数 6.25，计算出粗蛋白质含量。

3. 粗脂肪(EE)

粗脂肪是饲料、动物组织、动物排泄物中脂溶性物质的总称，包括真脂肪和类脂肪。其测定方法分为油重法和残余法。油重法是用乙醚或石油醚反复浸提待测样品，使其中脂肪全部溶于乙醚或石油醚，并收集于抽提瓶中，然后将所有的浸提溶剂加以蒸发回收，直接称量抽提瓶中的脂肪质量，即可计算出饲料样品中的脂肪含量。而残余法则是在样品经脂溶性溶剂（乙醚或石油醚）反复抽提，使全部脂肪除去后，根据样品质量和残渣质量之差计算粗脂肪含量。

4. 粗纤维（CF）

粗纤维是植物细胞壁的组成成分，包括纤维素、半纤维素、木质素和角质等。其测定原理是用固定量的酸和碱，在特定条件下消煮待测样品，再用醚、丙酮除去醚溶物，经高温灼烧扣除矿物质的量。

5. 粗灰分（Ash）

粗灰分是待测样品在 550 ℃高温完全灼烧后所得残渣，用质量百分率表示，即为粗灰分含量。残渣中主要是氧化物、盐类等矿物质，也包括混入饲料的砂石、土等，故称粗灰分。

6. 无氮浸出物（NFE）

无氮浸出物是包括淀粉、可溶性单糖、双糖，一部分果胶、木质素等有机物在内的一组复杂的物质。常规饲料分析不能直接分析饲料中无氮浸出物含量，而是通过计算求得：无氮浸出物（%）＝100%－（水分＋灰分＋粗蛋白质＋粗脂肪＋粗纤维）。

需要注意的是，常规成分分析法是通过测定饲料中的概略养分含量来评定饲料的营养价值，但这 6 种概略养分是一个笼统的概念，很难对饲料的营养价值做出较为准确的评判。因此，我们只能通过饲料常规成分分析对饲料的营养价值做出初步估计。

4.1.1.2 Van Soest 分析法

Van Soest 在 1976 年提出了用中性洗涤纤维（neutral detergent fiber，NDF）、酸性洗涤纤维（acid detergent fiber，ADF）、酸性洗涤木质素（acid detergent lignin，ADL）作为评定饲草中纤维类物质的指标。同时将饲料粗纤维中的半纤维素、纤维素和木质素全部分离出来，能更好地评定饲料粗纤维的营养价值。粗饲料中粗纤维含量较高，粗纤维中的木质素对动物没有营养价值。反刍动物能较好地利用粗纤维中的纤维素和半纤维素，非反刍动物借助盲肠和大肠微生物的发酵作用，也可利用部分纤维素和半纤维素。Van Soest 分析法应用在评定饲料品质、草场质量评估、动物消化试验中纤维素含量的测定均可获得满意的结果。

4.1.1.3 纯营养物质分析法

对饲料中纯养分含量的分析测定是化学分析手段不断完善和发展的结果，也是营养学研究的必然需要。目前，可以测定的饲料纯养分包括：真蛋白质（TP）、非蛋白质氮(NPN)、氨基酸(AA)、有效氨基酸、真脂肪、类脂肪、纤维素、半纤维素、木质素、糖、淀粉、各种矿物质元素及维生素等。通过这些纯养分的含量高低并参考有关营养学理论,就可以比较准确地评定饲料的营养价值。

4.1.2 消化试验法

4.1.2.1 体内消化法

体内消化法是指动物在完全或者接近正常生理条件下,测得饲料营养成分在动物体内消化情况的一种方法。这种方法在评定养分消化率时较为准确和直观,但在进行消化试验时耗时费力,短时间内难得到养分消化率的数据。体内消化试验是通过测定某种家畜每日由饲料中食入多少养分和每日由粪中排出多少残余养分,从而计算每日某种养分的消化量与消化率。消化试验要准确测定每日喂给的饲料量和收集每日家畜的排粪量并加以分析。

1. 全收粪法

为了测定动物饲料的消化率,应当在严格执行试验设计的基础上,准确测定出动物在一定期间内食入饲料物质的数量与粪中排出物质的数量,通过正确记录动物在某阶段的饲料采食量和全部排粪量,分析饲料和粪中某养分的含量,即可计算得到动物对该饲料养分消化率。

全收粪法简单易行,在过去一直被认为是研究营养物质代谢最经典的方法。该法是指收集动物的全部粪便进行消化试验,有肛门收粪法和回肠末端收粪法之分。前者是直接在动物的肛门处收集动物粪便,然后进行前处理。后者是通过外科手术在回肠末端安装一个硅胶瘘管收集粪便,主要用于猪饲料氨基酸消化率的测定,从肛门收集的粪便,由于受大肠和盲肠微生物的干扰,所测结果与实际值相差较大。

另外,由于粪中所含的养分并非全部来自饲料,如体内分泌进入消化道的消化液,从肠壁脱落的黏膜以及肠道的微生物体等代谢性养分均混在粪中。因此,用上述方法测得的为饲料养分的表观消化率。若从全收粪法收集到的粪中减去代谢性粪量即可计算得到饲料养分的真实消化率。因代谢性粪量的收集测定比较困难,所以,除非特殊需要,实际中一般不进行饲料养分真实消化率的测定。

2. 指示剂法

动物在消化试验时,由于受一些条件的影响与限制,不能够收集全部消化物或粪样,这时就必须使用指示剂对饲料进行标记,测得消化物或者粪样指示剂的浓度,计算动物体对饲料养分的消化率。根据指示剂的特点,可将指示剂分为内源指示剂和外源指示剂两大类。常用的内源指示剂有酸性洗涤纤维(ADF)、中性洗涤纤维(NDF)、木质素、酸不溶灰分(AIA)、二氧化硅(SiO_2)等,常用的外源指示剂有三氧化二铬(Cr_2O_3)、三氧化二铁(Fe_2O_3)、TiO_2 等。而指示剂必须具有如下几个特点:①不能被消化道消化吸收;②不能在消化道发生化学反应;③易于在饲料中搅拌均匀;④通过肠道的速度与食糜一致。

指示剂法的优点在于减少收集全部粪便的麻烦,节省时间和劳力,用作指示剂的物质必须不被动物所消化吸收、能均匀分布且有很高的回收率。

3. 套算法

套算法也称顶替法,是 Hill 在 1958 年提出来的。单一饲料消化率的测定通常采用套算法。套算法是单个饲料原料表观代谢能(AME)测定的经典方法,是研究和使用历史最长并被广泛认同的一种方法,其测定的各种饲料的 AME 已经形成一种比较完整的体系。套算法主要是借助两次代谢试验来进行测定,首先是测定基础饲料的养分消化率;其次是测定由一定比例的待测原料替代部分基础日粮组成的新饲粮的养分代谢率。并且假设在这两次代谢的试验中,基础饲料养分的代谢率保持不变,并且养分的代谢率具有可加性。套算法要求待测试验日粮中的被测养分含量不能低于动物对该养分的最低需要量。通过试验日粮的套算替代,可改善待测原料的适口性,以达到测定的目的。选择的基础日粮原料要与待测原料的物理化学性质相似。

套算法的优点是相对来说比较简单方便,比较适合应用于科学研究,对各方面的要求并不是很高,需要注意的是,试验日粮的替代需要与基础日粮的理化性质相似,避免因为饲料的改变引起动物采食减少或者拒绝采食。套算法的缺点也是很明显的,套算法以假定饲料间的组合效应是零为前提,耗时费力,且存在较大误差。Sibbald 等(1960)研究认为,饲料间的组合效应及待测饲料所占比例是导致待测饲料 AME 值变异的主要原因,基础日粮不同会对玉米的 AME 值产生较大影响。研究表明,不同类型待测饲料的 AME 值会随着整个试验日粮中待测饲料和基础日粮所占比例不同而变化。由于饲料间的组合效应不可被忽略,所以传统的套算法现在已很少使用。

使用套算法最主要需要考虑以下因素来提高待测原料能值测定的准确性:①试验日粮适口性问题,避免动物产生拒食现象;②替代比例尽量符合生产实际运用;③在此基础上,尽可能提高原料在基础日粮中的替代比例。在使用套算法时,待测原料的替代比例是一个最重要的考虑因素,从理论上说,原料替代的比例越高,被测原料能值越准确。此外,动物、日粮类型、营养水平、采食量、适应期、环境控制、样品的收集处理和分析方法等因素都会影响测定结果。因此,需要制定标准操作规程来规避结果变异大的风险。

4.1.2.2 体外消化法

饲料营养价值评定常利用动物体内试验进行测定,由于动物试验法耗资、费力、费时，系统误差和偶然误差影响因素多，不同时空条件下的测值重复性、可比性差，不能满足研究和生产应用所需。体外消化法又称离体消化法，是指通过对消化道内温度、pH、消化酶的分泌、胃肠运动和养分吸收等参数的模拟，在体外条件下建立的一套模拟畜禽消化道内环境的消化操作程序，利用体内法和体外法所获得的数据之间的相关性建立回归模型，实现对各种饲料或日粮养分的体内消化率进行预测和营养价值的评定。用体外消化法评价饲料的生物学效价具有省时、省力、变异性低等优点。这种方法并不需要动物实验，而是借助体外酶解法、回归预测法等方法在进行能量代谢率的推算。

1. 体外酶解法

自 20 世纪 50 年代以来，各国的科研工作者在探索体外模拟消化方法的过程中，先后建立了一步法（单酶法）、两步法（胃蛋白酶-胰液酶法、胃蛋白酶-小肠液法）、三步法（胃蛋白酶-胰液酶-瘤胃液法、胃蛋白酶-胰液酶-粪便提取液法、胃蛋白酶-胰液酶-碳水化合物酶法）。

（1）一步法　一步酶解法主要是根据蛋白质的水解程度来预测蛋白质在体内的消化率和评定其营养价值。在蛋白酶的水解作用下蛋白质肽键断裂，释放出来的 H^+ 的量决定了溶液 pH 降低的幅度，可根据这点与蛋白质在体内的消化率建立回归方程，但方程预测的准确性会受多种因素的影响，如饲料中矿物质的缓冲能力的干扰作用导致 pH 降低幅度相对较小。饲料的物理性状、抗营养因子的含量及种类、热处理及胃蛋白酶剂量等因素的影响导致测定结果与生物学法的相关性很低，且仅限于对饲料蛋白质消化率进行评价和预测，不适合对其他营养成分进行评定。

（2）两步法　由于一步酶解法的局限性，Akeson 和 Stahmann（1965）在一步酶解法的基础上进一步发展了酶法，在胃蛋白酶的基础上又加入了胰蛋白酶，测得真蛋白质消化率与体内法所测数据显著相关（$r=0.995$），使胃蛋白酶加胰蛋白酶法成为评定单胃动物饲料蛋白质消化率的常规方法，产生了胃蛋白酶-胰蛋白酶二步酶解法。

Boisen 等（1991）、Boisen 和 Fernandez 等（1995）主要针对此方法中降解物与未降解物的分离方法进行了研究并提出了修改方案。但此方法中，消化产物不断积累会对酶促反应产生抑制作用，从而导致体外养分消化率降低，影响其预测体内养分消化率的准确性。由于消化产物累积会对酶促反应起到抑制作用，有学者对饲料粒度、消化酶浓度、酶促反应温度、透析袋的截留分子量、透析液的流速及透析时间等因素进行了研究探讨，在此基础上建立了以透析为手段去除消化产物的方法。研究表明，去除消化产物后与生物学法的相关性更高，并提出了几套体外消化模拟操作规程。

(3)三步法　对一步及两步酶解法的具体阐述和分析可以看出,这两种方法主要模拟了胃或胃与小肠的消化,忽略了畜禽后段消化道内存在着大量的微生物群。由于猪后肠中的微生物菌群对前肠道未彻底消化的食糜具有较强的发酵利用能力,依据饲粮组成的不同,后肠的发酵可为动物机体提供大量能量。因此,在进行猪的饲粮体外消化过程中,应充分考虑大肠阶段消化,使用贴近猪消化生理的胃-小肠-大肠三步法。由于瘤胃液和粪提取液中所含成分随动物以及饲粮的不同变异较大,不同试验测试结果的重复性、可比性差等因素,目前猪的体外三步模拟消化法中普遍使用碳水化合物酶作为大肠阶段的模拟消化酶。然而不同研究者使用的碳水化合物酶并不相同,酶的活性无法重复、使用量也缺乏相应的生理依据,且也基本上都是以"三角瓶+摇床"为测试工具进行的全手工操作,模拟消化的每个步骤中都无法避免地引入人为误差。动物营养学国家重点实验室在前期对动物消化生理深入研究的基础上,开发了由计算机程控所有模拟消化过程的仿生消化系统。该系统中模拟消化液的酶活性、理化环境与动物体内的条件类似,减少了人为操作的误差,测试的精度、变异系数和重复性都较好,证明仿生消化法评定饲料消化能的可行性。

仿生法与其他体外消化法相比,主要优势在于:消化容器用仿生消化管代替三角瓶,可通过直接更换系统的缓冲液而避免了调节反应体系值的烦琐操作,反应体系的体积也保持相对稳定;仿生法中使用的消化酶浓度及用量、缓冲液组成、pH、反应温度都有动物体内数据佐证,从而在一定范围内克服了其他体外法中相关参数获取的随意性。

随着对猪消化生理研究的不断深入,现代科学技术的发展以及各种动物消化酶的商业化生产,猪体外消化模拟技术也日渐成熟,并得到广泛应用。已逐渐由过去的 pH 法、单一酶法等简单模拟方法向多酶法和多部位模拟发展。不但对饲料养分的水解过程进行模拟,还模拟了养分的吸收过程。从测定的消化指标方面来看,逐渐由以测定蛋白质体外消化率为主,发展为测定干物质、有机物质、淀粉和能量等多种养分消化率,并对相应的体内消化率进行估测。猪体外消化模拟方法在估测体内养分消化率、评定饲料营养价值和指导猪日粮的配制等方面正发挥着举足轻重的作用。

2. 回归预测法

沈银书(1995)给回归法的定义为:研究变量间相互关系的数学工具,即通过统计计算先确立氨基酸与粗蛋白质或其他常规成分之间的一元或多元回归方程,再将粗蛋白质或其他常规成分测定值代入方程估算氨基酸的值。这种方法运用到统计学原理,在一定程度上科学性更高。回归法又分为一元线性回归和多元线性回归。罗赞等在 2009 年用二元回归法测定了生长猪内源磷排泄量及豆粕磷的真消化率，在2010年用多元线性回归法测定了生长猪小麦和豆粕磷的真消化率。许多学者也在代谢能值的一元或多元回归关系方面建立了不同类型的数学模型。在对猪饲料氨基酸营养价值进行评定的时候，研究者们最终发现，采用回归法结果较准确。张乐乐等(2010)则认为以化学法为主要手段取得的变量以及用简单回归公式为数学模型求出的代谢能值，也只能认为是一组静态下的半定量值，特别是在建立新的动态数学模型之前需对已有科学参数做出新的定位。

3. 近红外光谱分析法

近红外光谱分析法(near infrared spectrometry，NIRS)兴起于20世纪70年代，是借助待测物质中化学物质在近红外光谱区内的光学特性，快速测定饲料等样品中化学组成和含量的技术，被誉为“绿色快速分析技术”和“无损分析技术”。该技术最先由美国农业部(USDA)的Norris开发，最早用于测定谷物中的水分及蛋白质含量。20世纪80年代中后期，随着光学、电子计算机学科的快速发展，加上硬件的不断改进及软件版本的不断更新，很大程度地提升了该技术的稳定性、实用性，使其应用领域日渐拓宽。

NIRS是目前评价饲料营养价值最快速的方法。样品制备非常简单，粉碎过40目筛即可，无须稀释或衍生化(如脂肪酸甲酯化)等前处理。有了定标方程，NIRS在不到1 min的时间内就能给出评估结果。当前NIRS设备较20世纪有了巨大进步，包括样品扫描光谱的迁移兼容、定标软件的仪器间通用等。在饲料质量检验方面，该技术不仅用于常规成分的分析，而且还可以用来测定微量成分如氨基酸、维生素及有毒有害成分，甚至还可以用于饲料营养价值评定，如饲料的品质、氨基酸利用率及有效能值等。

总的来说，当前体内法依然是消化能、代谢能测定的主要方法，并且其中的常规分析法应用最为广泛，套算法是发展较为强劲的一种方法，而体外法虽然具有一定的优势，但是并没有形成完善的体系，还需要进一步的研究探索。

4.2 猪饲料营养价值评定

4.2.1 能量营养价值评定

能量是饲料成本中最贵的营养因子。准确预测饲料原料中能量的利用率是缓解国内能量饲料资源短缺的一个重要途径，这样能更好地满足猪的能量需要、精准饲料配方并优化养殖成本。在能量体系的使用上，目前绝大多数国家仍然采用的是消化能或代谢能体系。相比较而言，净能更能反映饲料真实能值，也更能准确地预测猪的生产性能。NRC(1998)和法国农业科学院2004年出版的《饲料成分和营养价值表》中则提供猪饲料的净能值，并且给出了许多精确率达到90%以上的饲料原料净能含量估测方程(表4-1)。其中，法国的猪饲料的净能值是按生长猪和大母猪考虑的。例如，麦麸的净能对于生长猪为0.34 MJ/kg，而对于大母猪则为1.58 MJ/kg，饲料能量价值评定更为精细，真实反映了同种饲料原料对于不同猪的饲用价值。目前，在欧洲的丹麦、荷兰、法国以及北美地区，已经开始在生产中使用净能体系配制猪日粮，而国内有关这方面研究报道较少，但净能体系在热应激条件下特别是配制猪的低蛋白质日粮方面，相比传统的消化能体系具有很大的优越性。所以我国猪饲料能量价值评定方面采用净能体系指日可待。目前，国际上公认的体内法仍然是测定饲料能值最为有效的方法。

表4-1 净能回归方程式举例

编号	回归方程	资料来源
1	NE(MJ/kg DM)=0.010 8×DCP+0.036 1×DEE+0.013 5×St+0.010 7×Su+0.009 5×DRES	荷兰 CVB(1994)
2	NE/(kcal/kg DM)=0.843×DE−463	Noblet 等(1994)
3	NE/(kcal/kg DM)=0.700×DE+1.61×EE+0.48×St−0.91×CP−0.87×ADF；R^2=0.97	Noblet 等(1994)
4	NE/(kcal/kg DM)=0.87×ME−442	Noblet 等(1994)
5	NE/(kcal/kg DM)=328+5.99×ME−150×ASH−300×ADF	Ewan 和 Galloway(1989)
6	NE/(kcal/kg DM)=0.726×ME+1.33×EE+0.39×St−0.62×CP−0.83×ADF；R^2=0.97	Noblet 等(1994)
7	NE/(kcal/kg DM)=2 790+41.2×EE+8.1×St−66.5×Ash−47.2×ADF；R^2=0.90	Noblet 等(1994)

引自：符林升，熊本海，高华杰. 猪饲料营养价值评定及营养需要的研究进展[J]. 中国饲料，2009，10：34-39.

注：DCP为可消化粗蛋白质；DEE为可消化粗脂肪，St为淀粉；Su为糖；DRES为可消化其他物质；DE为消化能；EE为粗脂肪；CP为粗蛋白质；ADF为酸性洗涤纤维；ME为代谢能，Ash为粗灰分。1 kcal=4.186 J。

4.2.2 氨基酸消化率的生物学效价评定

氨基酸消化率是评定单胃动物饲料蛋白质营养价值的重要参数。饲料中氨基酸消化率的测定经历了粪表观消化率、回肠表观消化率(AID)、回肠真消化率(TID)等阶段，目前标准化回肠消化率(SID)相对科学并且得到国际的认可。

全收粪法主要测定氨基酸摄入与排出的差值，测得表观消化率。有研究表明，氨基酸注入大肠对猪体蛋白质营养的改善作用微乎其微，也说明蛋白质在大肠中主要用于微生物发酵和菌体蛋白的合成。而猪后肠道微生物会较大程度地干扰饲料氨基酸消化率的测定值,所以后来就采用回肠末端氨基酸表观消化率代替全收粪法测定氨基酸表观消化率。Vandergrift 等(1983)试验表明,生豆饼的回肠和粪表观氨基酸消化率之间差异可达 50%,而热处理或加工过的豆饼的差异最大仅为 15%,这表明饲料特性的不同对氨基酸消化率的影响不容忽视。

但是,回肠末端氨基酸表观消化率(AID)测定技术(回肠末端瘘管技术、回直肠吻合术)易忽视猪体内源性氨基酸分泌量对消化率测定值的影响,所以不能准确评定饲料氨基酸消化率。而且,AID 法存在以下几个问题:①对单个饲料原料测定的 AID 值在混合日粮中不具有可加性,而在实际生产中配制日粮又必须考虑单个饲料原料的 AID 值具有可加性,其对准确预测猪的生产性能具有重要意义。不具有可加性的主要原因可能是测定的 AID 值和日粮氨基酸水平呈非线性关系。②由于高蛋白质含量的饲料在消化物或者排泄物中的内源性氨基酸的比例相对较高,因此,相对而言低蛋白质水平饲料(如谷类和淀粉质豆类)的 AID 值可能会被低估。基于上述问题,后来提出了回肠真消化率(TID)的概念与测定方法。

TID 的测定(无氮日粮法和回归外延法、酶解酪蛋白/超滤法、^{15}N 同位素标记法、高精氨酸法等)是通过准确评估内源性氨基酸排泄量来校正得出的。TID 值为回肠消化糜中未被吸收的外源性氨基酸和猪摄入氨基酸总量的百分比,其中未包含内源性氨基酸,所以比 AID 更科学。但因为测定总氨基酸内源损失量比较困难,所以测定饲料原料的 TID 值较难。另外,从回肠氨基酸流出量中减去的是总回肠内源氨基酸损失量,而不是基础内源氨基酸损失量,因此,TID 值不能预测在猪体内可用于蛋白质合成的氨基酸量,不能用于实际的日粮配制中,这样就又提出了回肠标准化消化率(SID)的概念。

SID 又称内源氮校正猪氨基酸回肠消化率,间接考虑了与采食量密切相关的特异性内源氨基酸的分泌量,其不受氨基酸消化率测定方法的影响。SID 减去的是基础内源氨基酸损失量,不包含特异性内源氨基酸,任何饲料原料特有的成分都被统计在内。因此,SID 值能够区分导致产生特异性内源氨基酸的饲料原料。SID 值在配合日粮中具有可加性,既反映了 TID 又反映了特定内源氨基酸损失值,最能反映饲料的可利用氨基酸水平。因此,在配合猪日粮或分析氨基酸的需要量时 SID 更精确,然而,SID 值会受基础内源氨基酸损失量的影响,因而也会受饲料摄入量的影响。因此,应该在相同的环境条件下和在接近自由采食的状态下测定基础内源氨基酸损失值和 SID 值。另外,当将 SID 应用到饲料配方中时,基础内源氨基酸损失必须被作为动物氨基酸需求的一部分加以考虑。

目前,INRA(2004)《饲料成分和营养价值表》给出了 54 种猪饲料原料的回肠表观消化率和回肠标准化消化率以及对应的两种氨基酸有效含量。德国德固赛

(Degussa.)公司建立了包含 130 种原料和原料分类,15 000 多个氨基酸分析数据的数据库(AminoDat 3.0),并且每 5 年更新一次(表 4-2)。

表 4-2　猪饲料 SID 值

原料	测定机构	样本数	CP/%	SID值/%				
				赖氨酸	甲硫氨酸	含硫氨基酸(M+C)	苏氨酸	色氨酸
玉米	Degussa.	765	8.37	76	87	84	80	76
	INRA2	2 634	8.1	80	91	90	83	80
豆粕	Degussa.	773	46.29	89	90	86	86	87
	INRA2	10 409	45.3	90	92	89	87	89
小麦	Degussa.	415	12.35	84	90	89	86	88
	INRA2	7 068	10.5	81	89	90	83	88
大麦	Degussa.	251	10.79	76	82	81	80	77
	INRA2	2 739	10.1	75	84	84	75	79
麸皮	Degussa.	176	15.80	68	73	72	60	75
	INRA2	5 542	14.8	68	76	74	65	76
棉籽粕	Degussa.	144	42.24	70	80	79	76	82
	INRA2	117	42.6	63	73	75	71	68
菜籽粕	Degussa.	232	35.92	74	81	75	71	71
	INRA2	2 820	33.7	75	87	84	75	80

引自:符林升,熊本海,高华杰.猪饲料营养价值评定及营养需要的研究进展[J].中国饲料,2009,10:34-39.

注:①Degussa.数据来自德固赛 2005 年更新的 AminoDat 3.0;②INRA 数据来自法国农业科学院 2004 年出版的《饲料成分和营养价值表》。

思考题

1. 饲料常规成分包括哪几类?
2. 消化试验法(体内消化法)包括哪几种?

第5章 生物饲料

【本章提要】北京生物饲料产业技术创新战略联盟于 2018 年 1 月发布的团体标准《生物饲料产品分类》(T/CSWSL 001—2018),全面系统地规定了生物饲料产品的术语 、定义方法和分类体系。生物饲料是使用农业农村部《饲料原料目录》和《饲料添加剂品种目录》等国家相关法规允许使用的饲料原料和添加剂,通过发酵工程、酶工程、蛋白质工程和基因工程等生物工程技术开发的饲料产品总称,包括发酵饲料、酶解饲料、菌酶协同发酵饲料和生物饲料添加剂等。农业部"十三五"规划明确提出生物饲料产业对促进农副资源饲料化高效利用,推动饲料配方体系的变革,改善动物生产性能,降低养殖成本,实现从减抗到无抗养殖,减排环保等具有重要意义。目前我国从事生物饲料行业的企业数量已经有 1 000 多家,微生物饲料添加剂和酶制剂产量已经超过 20 万 t,发酵饲料产品产量达 100 多万 t。

5.1 发酵饲料

5.1.1 发酵饲料概述

发酵饲料是指使用《饲料原料目录》和《饲料添加剂品种目录》等国家相关法规允许使用的饲料原料和添加剂,通过发酵工程技术生产、含有微生物或其代谢产物的单一饲料和混合饲料。发酵饲料减少了养殖生产中抗生素的使用,降低动物的发病率和死亡率,改善动物机体健康状况,生产无抗生素残留的绿色、优质畜禽产品,满足人们对优质、安全动物产品的需求。

5.1.1.1 发酵饲料的分类

发酵饲料根据菌种和生产工艺不同、特点不一。按发酵原料组成分为发酵单一饲料和发酵混合饲料;按照菌种组成可分为单菌发酵饲料和混合菌种发酵饲料;按原料的营养特性可分为发酵能量饲料、发酵蛋白饲料和发酵粗饲料等;按含水量和生产工艺分为固态发酵和液态发酵;按微生物发酵类型分为厌氧发酵和好氧发酵。

5.1.1.2 发酵饲料常用的微生物

根据《饲料添加剂品种目录》的规定,目前可以使用的微生物菌种有乳酸菌、芽孢杆菌、丙酸杆菌、霉菌、酵母菌和光和细菌六大类,具体包括 34 个菌种(表 5-1)。

表 5-1 饲料中可以使用的有益微生物

种类	菌种
乳酸菌	两歧双歧杆菌、粪肠球菌、屎肠球菌、乳酸肠球菌、嗜酸乳杆菌、干酪乳杆菌、德式乳杆菌乳酸亚种(原名:乳酸乳杆菌)、植物乳杆菌、乳酸片球菌、戊糖片球菌、婴儿双歧杆菌、长双歧杆菌、短双歧杆菌、青春双歧杆菌、嗜热链球菌、罗伊氏乳杆菌、动物双歧杆菌、德氏乳杆菌保加利亚亚种、纤维二糖乳杆菌、发酵乳杆菌、布氏乳杆菌、副干酪乳杆菌
芽孢杆菌	地衣芽孢杆菌、枯草芽孢杆菌、迟缓芽孢杆菌、短小芽孢杆菌、凝结芽孢杆菌、侧孢短芽孢杆菌
丙酸杆菌	产丙酸丙酸杆菌
酵母菌	产朊假丝酵母、酿酒酵母
霉菌	黑曲霉、米曲霉
光合细菌	沼泽红假单胞菌

其中主要用于发酵猪饲料的益生菌种包括乳酸菌(如植物乳杆菌、发酵乳杆菌、嗜酸乳杆菌等)、芽孢杆菌(如枯草芽孢杆菌、地衣芽孢杆菌等)、酵母菌(如酿酒酵母、产朊假丝酵母等)、霉菌(如黑曲霉、米曲霉等)。

5.1.1.3 发酵饲料的作用

1. 抑制有害微生物

有益微生物能通过与肠道中的病原微生物竞争定植位点和营养成分来阻止有害微生物的黏附与繁殖。饲料发酵后,可有效提高饲料中有益微生物菌群的数量,大量有益微生物进入畜禽肠道形成竞争优势,迅速定植并成为优势菌群,从而抑制有害微生物在肠道上皮的定植。有些有益微生物(如枯草芽孢杆菌、地衣芽孢杆菌等)通过消耗氧气从而制造厌氧环境来抑制有害微生物的生长。有益微生物(如乳酸菌)在发酵过程中能够产生乳酸和挥发性脂肪酸等有机酸,降低肠道 pH,从而抑制有害微生物(如大肠杆菌和沙门菌)的生长繁殖,进而促进动物肠道内的微生态平衡。而且在发酵过程中,有益微生物还可以产生抗菌物质(如细菌素),从而抑制有害微生物的生长和繁殖。

2. 增强机体免疫力

发酵饲料中的有益微生物及代谢活性物质作为非特异性免疫调节因子，可以刺激畜禽肠道免疫器官发育，激活肠道的免疫机制，提高畜禽机体的细胞免疫和体液免疫能力，提高畜禽血液中免疫球蛋白的含量，及时消灭侵入体内的致病菌，提高畜禽对疾病的抵抗力，减少疾病的发生。

3. 提高饲料消化率

饲料在发酵过程中，有益微生物还能够产生酶类和B族维生素、小肽以及多种营养因子，从而促进饲料的消化吸收。如枯草杆菌能够产生胞外酶从而促进酸性洗涤纤维的降解。此外，饲料在发酵过程中，大分子的蛋白质物质会降解为多肽类物质。部分多肽类物质有较强的氧化性，能够保护动物机体的健康，最终促进动物健康生长，提高经济效益。枯草芽孢杆菌对大豆中抗原蛋白具有较强的降解效果。酵母菌能降解大豆中的水苏糖和棉子糖，霉菌能产生丰富的酶类，如植酸酶、淀粉酶、蛋白酶、果胶酶和纤维素酶等。

4. 改善环境

发酵饲料中有益微生物提高了宿主对饲料中营养成分的利用率，不仅减少浪费，还抑制了动物肠道中腐败菌的增殖，减少胺、吲哚等物质的产生；同时在代谢过程中产生的氨基氧化酶及其他可参与分解硫化氢的酶类可降解吲哚类物质，从而降低了畜禽舍中的氨气、硫化氢浓度，减少环境污染。

5.1.2 液体发酵饲料

微生物发酵饲料的生产工艺可采用多种发酵形式，包括固体发酵、厌氧发酵、液体表面发酵、液体深层发酵、吸附在固体载体表面的膜状发酵以及其他形式的固定化细胞发酵等。但应用最多的还是固态发酵和液体深层发酵。

液体发酵指发酵介质为液体的发酵过程。现在应用较为广泛的是液体深层发酵技术，该技术是20世纪40年代由美国弗吉尼亚大学生物工程专家Elmer L. Gaden,Jr提出的，并设计出培养微生物的生物反应器，成为该项技术的权威。液体深层发酵有分批发酵和连续发酵2种。连续发酵是在对数期用恒流法培养菌体细胞，使基质消耗和补充，细胞繁殖与细胞物质抽出率维持相对恒定，该法和分批培养相比，不易污染且质量稳定。

液体发酵饲料最早出现在20世纪80年代末，荷兰有20%的猪都使用湿拌料，至今至少占50%。丹麦有30%以上的母猪使用液体发酵饲料，70%以上的母猪在哺乳期也使用液体发酵饲料。随后，欧洲其他国家如丹麦、瑞典、法国、西班牙、德国、瑞士等也陆续开始了液体发酵饲料的饲喂。在欧洲大多数国家，只是单纯地将各种饲料原料混合，而在荷兰和瑞士，人们充分利用发酵农副产品做成液体发酵饲料。与传统的液体饲料相比，液体发酵饲料利用有益微生物进行发酵制备而成，含有丰富的小肽、维生素等营养物质，还有大量的活性益生菌，具有安全、无污染、无药物残留等特点，并可以大大减少抗生素等药物添加剂的使用，改善动物健康水平，提高畜产品的食用安全性。

5.1.2.1　液体发酵饲料的发酵方式

1. 自然发酵

饲料原料中天然存在的微生物包括乳酸菌、酵母菌等有益微生物，以及大肠杆菌、沙门菌、金黄色葡萄球菌等有害微生物。自然发酵通常是利用原料上附着的微生物进行发酵，主要通过乳酸菌产生乳酸等有机酸，降低发酵饲料的 pH，进而抑制饲料有害菌的增殖，但自然发酵的饲料会因发酵底物的不同而导致发酵的质量不稳定。研究表明，自然发酵谷物产生乳酸的范围在 27～57 mmol/L，而且自然发酵全价料导致饲料中乙酸和生物胺浓度更高，对液体发酵饲料的适口性和动物采食量产生不利影响，还会导致必需营养物质（如维生素和合成氨基酸）的损失。

2. 接种菌株发酵

接种菌株发酵是指在制备液体发酵饲料时添加有益微生物进行发酵。接种乳酸菌或者其他益生菌株的发酵饲料在发酵过程中，益生菌株一般具有快速的生长速度，并能抑制其他有害菌的生长，具有较好的发酵质量和稳定性，但是接种菌株会增加发酵饲料的成本。乳酸菌是液体发酵饲料中的常用菌株，能够利用发酵底物中的碳水化合物产生乳酸，并且对病原菌具有抗菌活性。研究发现，液体发酵饲料中乳酸菌发酵 24 h 后 pH 降至 4.2～4.4，发酵 48 h 后可产生 100 mmol/L 以上的乳酸，对沙门菌也有很高的抗菌活性。发酵全价料和接种乳酸菌的发酵谷物中乳酸菌和乳酸浓度显著增加，肠杆菌数量显著减少，pH 显著降低。

3. 保留式发酵

保留式发酵是指将发酵完成的液体饲料作为发酵剂保留一部分在发酵罐中，与新鲜液体饲料混合进行发酵，或者将发酵完成的液体饲料作为发酵剂添加到含新鲜液体饲料的发酵罐中再次发酵的方式。保留式发酵可以避免多次接种益生菌，可加快发酵速度和提高生产效率。研究表明，保留 20%发酵完成液体饲料至新鲜液体饲料中能显著降低饲料 pH 和大肠杆菌数量，并增加乳酸浓度。丹麦农业部 Foulum 研究中心为生长肥育猪设计了每日 3 次的饲养模式。该模式的发酵采用保留式发酵方式，即每次使用发酵产物的 50%，另一半再与新的原料混合发酵，该发酵方式在温度不低于 15 ℃的情况下 8 h 便可使用。

5.1.2.2 液体发酵饲料在猪生产中的应用

1. 仔猪

饲料是影响猪胃肠道健康的重要外界因素，液体发酵饲料主要通过影响胃肠道环境、菌群结构、胃肠道形态组织等途径调控猪肠道健康。研究发现，饲喂液体发酵饲料的断奶仔猪在断奶 4 d 后其胃酸 pH 降低，胃内乳酸含量呈极显著上升趋势，小肠绒毛高度也增加，并且饲喂液体发酵饲料可较好地保护断奶仔猪肠黏膜不被破坏。

断奶后仔猪胃内的 pH 急剧上升，不足以抑制病原体的繁殖，液体发酵饲料则解决了这个问题，它降低了仔猪胃内的 pH，从而起到抑制肠道致病菌的生长繁殖，改变肠道微生物菌落结构的作用，而采食固体日粮的断奶仔猪，胃内的低 pH 环境会被破坏。液体发酵饲料可明显提高断奶仔猪胃中的酸度，从而防御病原菌的入侵。总之，断奶仔猪采食酸性液体发酵饲料可降低因采食固体饲料对肠绒毛的磨损；此外，酸性的液体发酵饲料还可增强胃肠道内消化酶的活性和抑制肠道致病菌的生长繁殖。

液体发酵饲料在发酵过程中产生大量的乳酸和挥发酸等，具有良好的适口性，且混合均匀、营养均衡，避免仔猪挑食，因此可提高仔猪的采食量，改善仔猪的生长性能。研究发现，使用乳酸菌液体发酵饲料可显著提高断奶仔猪的采食量和日增重，与适口性好的颗粒饲料相比，分别提高 20%和 25%，而且没有出现腹泻现象。Jensen 等(1998)报道，液体发酵饲料使断奶仔猪日增重提高了 12.3%。在仔猪断奶后第 1 周喂给液体发酵饲料，其优越的增重性能可一直保持到 6～7 周龄。

2. 生长育肥猪

液体发酵饲料在生长育肥猪上的效果较断奶仔猪差，原因可能是生长育肥阶段猪的胃肠道已经发育完善，对营养物质的吸收能力远远强于仔猪时期。但液体发酵饲料对生长育肥猪肠道菌群产生一定的影响。Canibe 等(2003)给育肥猪分别饲喂干饲料、湿饲料以及自然发酵料，研究其对胃肠道微生态和生长情况的影响。结果发现，饲喂液体发酵饲料组的育肥猪胃肠道中的肠道细菌数少于 32 log CFU/g，而湿饲料组肠道细菌数高达 66 log CFU/g。Jensen(2003)研究报道，饲喂液体发酵饲料后，猪胃肠道大肠杆菌水平最低(＜3.2～5.0 log CFU/g)，猪胃内 pH 最低(pH＝4.0)，而饲喂干饲料和非液体发酵饲料胃内 pH 较高(4.4～4.6)；液体发酵饲料提高了猪胃内乳酸水平(113 mmol/kg)，而饲喂干饲料和非液体发酵饲料胃内乳酸水平很低(50～60 mmol/kg)，但这种影响小于仔猪。

此外，在肥育阶段，猪肠道发育较仔猪来说已经相对完善。因此，在用液体发酵饲料饲喂肥猪时可以大量采用廉价的液体原料。如液体氨基酸、酶和食品工业副产物(啤酒副产物、马铃薯加工副产物),这一方面降低了食品工业副产物造成的环境污染,另一方面减少了饲料配方的成本。就饲喂效果而言,液体饲料饲喂提高了采食量和日增重,改善了饲料效率和猪内环境,但胴体出肉率略有降低。叶宏涛等(2007)报道,饲喂液体饲料的试验猪达到 110 kg 体重需要 150.6 d,而饲喂干饲料达到相同体重则需 154.7 d,提高了 3%,并且上市猪整齐度提高。Canibe 等(2003)研究报道,饲喂液体饲料可改善生长猪的生长性能,猪增重 995 g/d,而饲喂干饲料的猪增重 961 g/d。

5.1.2.3 影响液体发酵饲料品质的因素

经过近 20 年的研究,欧洲摸索出常规液体饲料发酵参数,发酵温度是 25~30 ℃,pH 4.5,发酵时间通常为 12~24 h,水料比是 2.6∶1,发酵液最终的干物质含量通常为 20%~35%,另外,在发酵之前通常接种乳酸菌或者添加酸化剂。普遍认为,液体发酵饲料 pH 应低于 4.5,乳酸菌浓度高于 10^9 CFU/mL,乳酸浓度高于 150 mmol/L,乙酸和乙醇浓度分别低于 40 mmol/L 和 0.8 mmol/L。高浓度的乳酸可降低饲料 pH,有利于提高饲料适口性,抑制病原菌增殖。乳酸浓度高于 7 mmol/mL 时,可抑制沙门菌增殖;乳酸浓度高于 100 mmol/mL 时,可抑制大肠杆菌增殖。乙酸和乙醇浓度过高会产生“异味”,影响饲料适口性。通常影响液体发酵饲料品质的因素有以下 6 个方面。

1. 发酵菌种

优良的纯菌种发酵是液体发酵饲料的质量保障。发酵菌种不仅影响液体饲料的发酵效果,而且是影响其饲喂效果的极为关键的因素。液体发酵饲料的微生物组成丰富,乳酸菌和酵母菌在液体发酵饲料中是最常见的菌种。酵母菌能将肠杆菌结合到自身表面,阻断肠杆菌与肠上皮的结合,同时,高浓度酵母菌会消耗发酵底物并产生大量乙醇和乙酸等物质,影响饲料的适口性。自然发酵即以饲料中天然存在的乳酸菌或酵母菌进行发酵,由于发酵菌种不一、性能不稳定,发酵产品质量难以保障。国外有研究报道,谷物中(小麦或大麦)含有的乳酸菌数目变化很大,分别为 0~4.89 log CFU/mL 和 0.6~5.0 log CFU/mL。小麦和大麦中酵母菌的含量分别为 3.3~6.05 log CFU/mL 和 3.36~6.25 log CFU/mL。这样大的差异很难保证发酵的标准化进行和发酵产品的品质。总之,液体发酵饲料过程中分为 3 个阶段:第一阶段,高 pH 使得大肠杆菌繁殖,乳酸菌和酵母菌数量增长缓慢;第二阶段,乳酸菌数量明显增长并于发酵过程中产生乳酸、乙酸等有机酸,进而降低 pH 以抑制肠杆菌繁殖;第三阶段,乳酸菌数量和 pH 稳定,随着发酵时间推移,饲料中的酵母菌数量会逐渐增加。

2. 发酵参数

液体发酵饲料的 pH 要达到 4.5 并保持稳定，25～30 ℃效果会更好。30 ℃时沙门菌的死亡速度是 20 ℃时的 4～5 倍。30 ℃的发酵温度条件下，6～7 h 后就检不出沙门菌，而在 20 ℃时，发酵 24 h 后还能检出少量沙门菌。因此，在发酵的起始期，补充热量是必要的，尽管发酵 10 d 后混合物的温度会达到 26 ℃。但是 25～30 ℃ 在实际生产中因成本太高而不容易实现。丹麦农业部 Foulum 研究中心采用半保留的发酵方式，即每次使用发酵产物的 50%，另一半再与新的原料混合发酵。该发酵方式在温度不低于 15 ℃的情况下 8 h 便可使用。另外，随着发酵时间延长，大肠杆菌数量逐渐降低，饲料中乳酸和酸溶蛋白水平增加，发酵 18 h 后饲料中乳酸菌数量显著升高。

3. 水料比

含水量几乎对最终液体饲料产品的各个方面都有影响，包括稠度、稳定性、价格、操作特性、营养物浓度等，因此，确定液体饲料配料的水分就显得非常重要。料水比主要影响干物质含量，实际生产中一般在 1∶(2～3)。研究发现，将液体发酵饲料的料水比从 1∶4.5 升高至 1∶2，显著提高了还原糖浓度，改善了饲料的适口性，但料水比不宜过高，干物质含量增加会降低饲料的流动性，从而限制液体发酵饲料在液体进料系统中使用。Geary 等(1996)对液体饲料的干物质与仔猪生长性能的关系进行了研究，结果表明，即使仔猪采食干物质很低的液体饲料，也能进食大量的干物质。但为了控制排泄物的产量，建议液体饲料的干物质质量分数不低于 200 g/kg。仔猪断奶后前几周饲喂干物质质量分数较高(＞250 g/kg)的日粮，而断奶后第 4 周降低干物质的质量分数(200 g/kg 左右)，可进一步提高断奶仔猪的生长性能。

4. 饲粮组成

液体发酵饲料的最佳原料尚且没有定论，不同的原料有不同的效果。发酵玉米、豆粕等原料就可以起到很好的效果，而其他预混料或添加剂可在发酵完成后添加。与干饲料相比，发酵小麦和大麦可降低谷物中果聚糖、淀粉和非淀粉多糖，其中蔗糖减少 80%以上，但干物质、有机物和能量的回肠消化率提高了 3%～6%；与发酵谷物相比，发酵全价料时由于含蛋白质原料，导致氨基酸损失和产生生物胺的风险更高，必需氨基酸(如赖氨酸、甲硫氨酸和苏氨酸)损失较多。因此，发酵谷物比发酵全价料更具优势。大多数液态副产物含有丰富的碳水化合物、蛋白质和脂肪，液体饲料中添加液态副产物能降低养殖成本。

5. 饲喂方式

液体发酵饲料是通过建立液体进料系统饲喂，能够节省劳动力，且饲料分配更加精确;但也存在许多问题,如液体饲喂机器的成本投入,以及液态副产品的使用受运输成本和地缘性的限制,根据各液体原料设计配方的要求也更高。研究发现,食槽饲料中乳酸菌、酵母菌和大肠杆菌计数以及乳酸、乙醇和乙酸浓度高于搅拌罐,说明液体发酵饲料在输送过程也会自然发酵,从而对营养质量产生负面影响;另外,由于液体发酵饲料的特性,在输送过程固体快速沉淀形成分层,导致部分猪只采食水分比例增加,降低了干物质摄入量。因此,需要从饲喂设备以及饲料配方来保证液体发酵饲料质量稳定。

6.饲喂装置和设备

饲槽设计和饲槽在圈舍中的位置都可能影响断奶仔猪的饲料转化率和日增重。合理配置饲喂装置和设备可以起到事半功倍的效果。大量调查结果表明,液体饲喂系统乳酸菌的定植需要 3～5 d。对液体饲喂系统管道消毒是有害的,因为这样消除了乳酸菌的存在,饲料 pH 也因此提高了 1.5～2.0。同时,其中的大肠杆菌在 1～5 d 内也会大量繁殖,直到乳酸菌群重新建立使 pH 降到一定程度。

5.1.2.4　液体发酵饲料在应用中存在的问题

液体发酵饲料物料交换充分,发酵均一度高;发酵过程可实现实时监测,质量稳定性高;发酵结束后采用管道可直接饲喂;终产物中有益微生物处于生长期,活性高;摄入动物肠道后无须复苏过渡,可直接发挥生物学功能。但在实际应用过程中仍存在很多问题。

1.适宜菌种的开发

近几年来,关于液体发酵饲料中自然存在的乳酸菌是否是最合适的微生物,还是在系统中接种特定的微生物会更好等问题已成为营养学家所研究的重要领域之一。液体发酵饲料的发酵控制是一项极为关键的技术,特别是菌种的好坏将直接影响液体发酵饲料的饲喂效果。例如,饲喂系统含大量杂菌、原料中含不适于发酵的菌或含量太低不足以抑制有害菌等,这些问题都会引起液体发酵饲料的发酵不良。有研究表明,酵母菌发酵会导致日粮的适口性降低,并伴有仔猪副伤寒疾病的发生。因此,为液体发酵饲料开发一种不受环境条件影响、耐高温、耐抗生素、耐胃酸和胆盐、效果稳定、见效快的菌种,是今后研究的重要任务。

2.实际效果不一

陈文斌等(2004)报道,使用液体发酵饲料饲喂仔猪的效果要好于生长猪、母猪等,仔猪断奶后前 2 周的饲喂效果要明显好于后 2 周。Demeckova 等(2002)研究表明,饲喂妊娠母猪一定量的液体发酵饲料,可以明显提高初乳的质量,减少病原体对畜舍环境的污染水平,同时增强新生仔猪的抗病力。虽然 Jensen 等(1998)的研究表明,断奶仔猪饲喂液体发酵饲料能够提高采食量和日增重,但饲料转化率却有所降低，这与代谢研究结果相矛盾。为此，饲料转化率低是否与仔猪采食行为、个体采食面积、饲槽设计和饲槽在圈舍内的位置造成的饲料浪费问题有关还需进一步的研究。因此，对液体发酵饲料有效性的进一步探索是促进液体发酵饲料更好在畜禽上利用的一个重要环节。

3. 设备投入大

液体发酵饲料含水量通常在 60%以上，液体发酵饲料需要密闭发酵罐、输送管道等设备，资金投入相对于饲喂干饲料和湿拌料要大，且维护成本较高。液体饲料输送管道容易堵塞，气门容易漏气导致水分流失，引起湿拌料变干堵塞管道，冬季管道的保温措施比较难做，整个设施的操作对工人技术水平要求比较高。

4. 不良发酵

在液体发酵饲料的发酵过程中，氧气过多、发酵温度过低、时间过短、原料酸碱度不佳都将限制发酵，导致发酵不良甚至终止发酵。以下几种情况都有可能限制发酵过程：①随着环境温度的变化，发酵不好控制；②发酵时间过短；③饲料原料酸碱度的不确定；④接种乳酸菌前，饲喂系统含有大量的杂菌导致发酵不良；⑤定期清洗消毒管道，不利于乳酸菌的生长，尤其是在下一批乳酸菌定植之前，很容易感染大肠杆菌。

5.1.3 固体发酵饲料

固态发酵是指微生物在含水量较少的培养物上生长、繁殖，产生大量代谢产物的发酵技术。通过微生物的发酵作用，改变饲料原料的理化性状，提高饲料原料的消化吸收率，延长储存时间。固态发酵饲料通常含水量在 30%～50%。与液体发酵相比，固态发酵操作简便、培养条件简单、发酵过程容易控制、投入少、利于大规模生产。固态发酵过程中，废弃物产生较少，废水排放量少，有利于环境保护；固态发酵的原料大多是农副产品的加工副产品，来源广泛，成本低廉；有较高的产出率，大量的活菌和高产酶量可在较短时间内将原料发酵为质量更好的产品。但是发酵菌种要选择耐低水活性的微生物，因含水量较低导致发酵周期较长，且工艺参数难以测定和控制。

5.1.3.1 固体发酵饲料的分类

固体发酵饲料的种类，大致可分为：发酵全价饲料、发酵浓缩饲料、发酵蛋白饲料、酵母菌培养物和其他发酵饲料。

1. 发酵全价饲料

发酵全价饲料是指用有益微生物与全价配合饲料、水按一定比例混合均匀后，在有氧或者厌氧条件下发酵而成的饲料（二维码 5-1）。该类饲料不仅能全面满足动物的营养需要，还能增加多种消化酶、有机酸、维生素、多肽、小肽、氨基酸的含量，富含大量的益生菌。发酵全价饲料具有明显的促生长、防治疾病等生物学效应，对肠道疾病的控制效果好，并能节约生产成本。

二维码 5-1 发酵饲料

2. 发酵浓缩饲料

发酵浓缩饲料是指用有益微生物与浓缩饲料、水按一定比例混合均匀后，在有氧或者厌氧条件下发酵而成的饲料。发酵浓缩饲料的过程与发酵全价饲料过程类似，相比发酵全价饲料少了能量饲料，具有体积小、运输使用方便等优点。

3. 发酵蛋白饲料

发酵蛋白饲料是以豆粕、棉粕等蛋白质原料为主，经益生菌发酵而成的富含小肽的优质蛋白质饲料。发酵蛋白饲料中小肽含量高低和抗营养因子消除程度与发酵所使用的微生物菌种及发酵工艺息息相关，在生产一般采用多种益生菌搭配使用，促进酶解，分解抗原和抗营养因子，经过多种益生菌分阶段发酵酶解，使蛋白质得到充分降解，产品富含多种活性小肽、益生菌、生物活性酶等。

4. 酵母菌培养物

酵母菌培养物主要分为两大类：一类是以酵母菌活细胞为主要功能部分的酵母菌培养物；另一类以含有的大量的酵母菌代谢产物为主要功能部分的产品，并不强调活细胞的作用，产品主要由酵母菌代谢产物、酵母菌体和经过发酵后变性的培养基所构成。

5. 其他发酵饲料

除了以上介绍的已进行大规模工业批量生产的发酵饲料外，还有其他各具特色的发酵产品，如用工业废弃物如甜菜渣、啤酒渣、豆渣、柠檬酸渣、玉米淀粉渣、果渣等制成的发酵饲料；用农业废弃物秸秆等制成的发酵饲料等。

5.1.3.2 应用效果

发酵配合饲料的 pH 通常在 4.6～5.0 间，在配合饲料中的使用比例一般不超过 10%。而发酵浓缩饲料的 pH 通常在 5.2～6.0 间，在配合饲料中的使用比例可以达到 20%～30%。

1. 仔猪

Ray 等(2010)研究发现饲喂发酵饲料可改善断奶仔猪日增重、料重比，降低腹泻率、粪便的 pH 及其中微生物的数量。Ohland 等(2010)发现日粮中添加 5%发酵饲料可有效抑制有害菌的数量，提高仔猪对日粮中蛋白质及其他营养成分的消化率，还可以减轻由断奶等刺激造成的应激，保持仔猪肠道健康。Montalto 等(2009)发现饲喂发酵饲料不仅可以增加仔猪血液中的白细胞数量，还可以升高 T

淋巴细胞的转化率和免疫球蛋白 IgA 的数量，刺激机体的非特异性免疫增强。Wang 等(2014)采用嗜热链球菌、枯草芽孢杆菌和酿酒酵母对豆粕进行发酵制备发酵豆粕，并替代豆粕用于断奶仔猪的喂养，发现饲料配方中含有 6%发酵豆粕可促进断奶仔猪快速生长。熊莹等(2015)在断奶仔猪饲料中添加 10%的发酵豆粕，发现平均日增重提高 20.74%，料重比降低 4.24%，IgA 和 IgM 水平显著升高，腹泻率显著下降。仔猪肠道菌群的多样性及相对丰度提高，糖类、氨基酸、能量、核苷酸和维生素的代谢加快(何敏等，2019)。

2. 生长育肥猪

Qiu 等(2020)研究发现饲喂发酵饲料可使猪肉剪切力降低，滴水损失减少，有效改善育肥猪的肉品质。同时，发酵饲料提高采食量、眼肌面积和瘦肉率，降低了背部脂肪厚度和脂肪含量，提升了肉的嫩度和新鲜度。饲喂发酵饲料，改善了猪十二指肠和结肠中的微生物群组成(Lu 等，2019)。此外，饲喂发酵饲料增加了育肥猪肠道绒毛高度和隐窝深度，有助于增大消化、吸收营养物质的面积(朱宽佑等，2021)。赵政(2018)发现添加 8%发酵豆粕可以提高育肥猪的生产性能和肉品质，使其血液中三酰甘油含量升高且肌酐含量降低。韩启春(2018)给育肥猪饲喂发酵饲料发现，育肥猪的生长性能和肌肉中的鲜味氨基酸含量都显著提高。

3. 繁殖母猪

Wang 等(2018)在哺乳母猪饲料中添加 15%的发酵饲料，有效提高母乳中 IgA 的浓度，改善仔猪机体健康进而提高生产性能。韦良开等(2019)添加 5%～20%的发酵饲料加入基础日粮中，饲料适口性得到了改善，能够提高母猪采食量和仔猪断奶体重。樊春光(2013)的研究发现，发酵饲料显著提高断奶仔猪的成活率和断奶重，从一定程度上降低哺乳仔猪的腹泻率，缩短断奶发情间隔。高燕(2016)的研究结果显示，给母猪饲喂全穗玉米发酵饲料极显著提高母猪断奶体况评分($P<0.01$)，试验组母猪断奶后正常发情率和情期受胎率分别为 90.00%和 100.00%。

4. 种公猪

孙昌辉(2019)的研究显示，对大白公猪分别饲喂基础日粮和发酵饲料，极显著地提高了公猪精子的密度和活率，提高了精子质量，同时公猪精液的抗氧化性能也明显提升，发酵饲料有效地改善了公猪精液品质。武丹(2021)研究发现使用发酵饲料分别替代 10%和 15%比例的基础日粮，结果显示，使用发酵饲料饲喂公猪后，能够改善公猪的代谢和免疫功能，有效地提高公猪的精液品质，同时优化公猪肠道菌群的组成。

5.1.3.3 影响固体发酵饲料品质的因素

影响固体发酵饲料品质的因素很多，除含水量、菌种接种量等发酵参数外，还包括以下 4 个方面。

1.发酵菌种

固体发酵饲料的含水量一般在30%～50%，选育的菌种要求能在低水分环境中快速生长繁殖，并能对饲料中大分子营养物质和抗营养因子进行分解。

2.原料品质

目前，为降低饲料成本，发酵饲料的原料会选用一部分农业与食品加工副产物(玉米皮、果渣、甜菜渣和薯渣等)作为原料，这些原料含水量高，在收集和保存过程中，特别是高温高湿季节，容易出现发霉变质的情况，影响发酵饲料的品质。另外，原料含糖量过低也会影响发酵的品质。

3.发酵时间

发酵时间是指发酵开始至完成的时间。在发酵的过程中，发酵产物的浓度并不是固定的，发酵生产率与产物高峰期的长短有关。通常情况下，产物高峰期越长，发酵生产效率就越高，发酵产物高峰期过后一定时间，发酵混合原料的营养成分消耗过大，此时发酵环境已经不利于微生物新陈代谢和菌体繁殖，发酵产物浓度会随着发酵的进行而降低。另外，过长的发酵时间会增加微生物饲料生产成本，还会增加感染杂菌的机会。发酵时间过短，产物浓度不够，发酵不充分，降低发酵质量。固体发酵时间通常在3 d以上，且随着温度降低，发酵时间延长。

4.发酵温度

温度是影响酶活性的重要因素，在一定范围内，温度越高，酶的活性越大；相反，酶的活性越低。发酵是一个非常复杂的过程，但其本质是微生物新陈代谢与菌种繁殖的过程，而该过程又是在多种酶的催化下完成的。过高的发酵温度，会加快微生物新陈代谢与菌种繁殖速度，导致发酵原料营养成分过度损耗，急剧降低微生物饲料的发酵质量，甚至使酶失活，导致发酵失败；过低的发酵温度，对微生物新陈代谢与菌种繁殖不利，致使发酵程度过低，不能有效改善发酵原料的品质。固体发酵饲料的温度至少要保持在20 ℃以上。

5.2　酶解饲料

酶解饲料是指使用《饲料原料目录》和《饲料添加剂品种目录》等国家相关法规允许使用的饲料原料和酶制剂，通过酶工程技术生产的单一饲料和混合饲料。大部分情况下，常选择植物源蛋白质作为酶解原料，如豆粕、棉粕等植物蛋白饲料，通过酶解的植物蛋白饲料原料，具有小肽含量高、抗营养因子低、发酵产物丰富的特点，能有效提高饲料的利用效率和营养性。一方面对动物消化吸收、生长、抗氧化能力、免疫机能起到改善作用；另一方面减低饲料成本。目前常用的酶主要有：Alcalase碱性蛋白酶、Flavourzyme复合风味酶、Protease A和Peptidase R、胃-胰蛋白酶等。

5.2.1 酶解技术的分类

5.2.1.1 单一酶解技术

酶解技术中最简单最基础的就是单一酶解,单一酶解只能对大分子蛋白质进行简单的分解,得到功能多样的小肽,促进动物对蛋白质的吸收。常选择的是胃-胰蛋白酶、番木瓜蛋白水解酶和菠萝蛋白水解酶。即便是在对同一种原料进行酶解时,使用不同种蛋白酶产生的效果也各不相同。有研究人员尝试选择不同种类蛋白酶水解鱿鱼内脏蛋白,将氨基酸得率作为评价因子,最终结果显示,碱性蛋白酶效果最好,中性蛋白酶和胰蛋白酶水解后氨基酸得率也都达到50%以上。单一酶解法虽然操作简单,但酶解效率低、所得产物单一,因此目前该方法正被复合酶解技术逐步替代。

5.2.1.2 复合酶解技术

与单一酶解技术相比,复合酶解技术采用多种蛋白酶协同作用提高蛋白质水溶性,高效降解蛋白质原料中大分子蛋白质。早在20世纪,研究人员就尝试选择复合酶解技术来酶解豆粕和生大豆,结果发现该方法明显提高了氮的消化率,而且酶解后产物大分子蛋白质的含量和比例也有所减少,这表明通过复合酶解技术已经达到使部分高分子蛋白质降解的目的。选择结合 Alcalase 碱性蛋白酶和 Flavourzyme 复合风味酶的复合酶解体系,通过酶解饼粕生产小肽,能显著提高棉粕的水解度,同时制备的小分子肽含量也显著升高。然而若采用酶制剂对某些蛋白质原料进行酶解,其中含有的有毒有害成分和某些抗营养因子会影响酶解效果,导致结果并不理想。

5.2.1.3 微生物发酵酶解技术

微生物发酵酶解技术即利用微生物菌种,人为使环境达到某特定条件,经各菌种发酵后产生某些分解酶,直接使蛋白质原料降解。通过这种方法不但可以得到酶解蛋白,还可以分解蛋白质原料中的抗营养因子。同时,微生物发酵时也会产生一些有机酸和抗菌肽等物质,可以降低某些疾病的发病率;产生的芳香物质可以提高适口性;而某些菌株甚至还可以增加产物小肽中的甜味,从而刺激动物采食。像黑曲霉、米曲霉和枯草芽孢杆菌等菌种都是进行微生物发酵酶解时常用的选择。王文娟等(2007)采用黑曲霉发酵大豆饼粕获得的大豆蛋白混合肽含量达60%以上。郭涛等(2005)发现,中性蛋白酶 AS1.398 水解菜籽蛋白酶解后有75%左右的蛋白质转化为可溶性肽。通常复合酶解效果要优于单一酶解。

5.2.2 酶解饲料在猪生产中的应用效果

5.2.2.1 仔猪

Zhu 等(1998)、王之盛等(2005)和 Yang 等(2007)研究发现,在仔猪日粮中添加酶解大豆蛋白能显著提高仔猪的日增重和饲料转化率。张爱民等(2015)研究表明,饲料中加入 1.0%与 1.5%酶解大豆蛋白,除了能够加快肠道绒毛的生长发育,保障肠道环境的稳定性,进而保障其消化道的健康状态;同时能够提升仔猪对钙等成分的吸收水平,加快骨骼的生长。唐玲等(2015)研究发现,相关大豆蛋白中具有生物活性作用的物质前提是相应的活性肽,如免疫活性肽等,酶解大豆蛋白通过提升免疫力与抗氧化力,从而改善仔猪的抵抗水平。日粮中添加 1.5%酶解大豆蛋白优于常规蛋白源提供 1.0%粗蛋白质(CP)的免疫和抗氧化效果。也有研究发现,在饲料中添加酶解大豆蛋白可以加快相关器官的发育水平,同时活化细胞,从而改善免疫水平。

5.2.2.2 生长育肥猪

魏金涛等(2009)利用木瓜蛋白酶和酵母菌进行酶解发酵豆粕,采用不需要烘干的酶解发酵技术,研究对生长育肥猪生产性能的影响。结果表明,经过液态发酵后水溶性蛋白、小肽、小分子蛋白含量显著提高,能够促进生长育肥猪采食量的提高。付瑞珍等(2014)研究了酶解蛋白饲料对生长育肥猪抗氧化和免疫能力的影响,结果表明育肥猪采食添加酶解豆粕、酶解棉粕的饲料日粮后,机体抗氧化能力增强,并能刺激机体的体液免疫反应,从而提高猪的抗病能力。陈卫东等(2014)在商品猪日粮中全程添加酶解大豆蛋白,可为猪提供直接吸收和高效沉积的氮源,同时提高商品猪的消化吸收力、免疫力等,进而改善生长性能,强化经济效益。

5.2.3 酶解饲料存在的问题

酶解饲料作用直接,降解程度高,养分损耗低,易于动物吸收;酶解过程更易控制,作用机理明确,分解周期短,有效地规避了生物发酵饲料中可能存在的违规菌种添加、次级代谢产物危害等安全性问题。但目前仍存以下几个问题。

5.2.3.1 酶解工艺控制难度大

基于饲料原料的复杂性以及酶的专一性,目前的酶解饲料基本局限在以豆粕为主的单一原料上,并且在酶和设备的选择上,以及酶解工艺控制上对生产者提出了极高的要求,处理不当会对产品品质造成很大的影响。如酶解豆粕易产生苦味肽类的物质,影响动物的采食。

5.2.3.2 生产成本高

酶解饲料在整个工艺中没有益生菌的参与，为了避免生产过程中污染杂菌，必须控制酶解时间，其手段包括原料灭菌、提高酶解温度、增大酶的加入量、提高物料水分等。同时，为了保证产品能长期保存，酶解后的原料必须干燥，这也大大增加了酶解饲料的生产成本，增加了用户的使用成本，限制了其用户群体的规模。

5.2.3.3 应用效果低

酶解饲料缺乏微生物的代谢过程，仅在一定程度上起到了分解大分子和降解有害物质的目的，缺乏益生菌及其代谢所产生的益生元，综合应用效果往往劣于优质的发酵饲料。

综上所述，基于酶解饲料的生产技术特点、原料处理的单一性、较高的生产成本以及产品性能的欠缺，其应用领域、模式推广受到很大的制约，未来的发展仍然会以高端产品为主。随着发酵饲料技术的进步和模式的快速扩张，酶解饲料在生物饲料中所占的比例将会被逐渐压缩。

5.3 菌酶协同发酵饲料

菌酶协同发酵饲料是指使用《饲料原料目录》和《饲料添加剂品种目录》等国家相关法规允许使用的饲料原料、酶制剂和微生物，通过发酵工程和酶工程技术协同作用生产的单一饲料和混合饲料。菌酶协同发酵饲料可以提高发酵过程中微生物对饲料中大分子物质的利用效率，改善饲料的营养价值，并缩短发酵周期；同时也可以利用某些菌种的抗菌作用改变动物肠道微生态环境，增加动物抵抗力，减少抗生素的使用。大量研究表明，菌酶协同发酵对饲料的发酵效果优于单独的益生菌或酶制剂的处理效果，且在改善饲料营养价值和饲喂效果方面表现出明显的优势。

5.3.1 菌酶协同发酵饲料的分类

菌酶协同发酵饲料按照原料组分分为：菌酶协同发酵单一饲料和菌酶协同发酵混合饲料。菌酶协同发酵单一饲料是以一种主要饲料原料作为底物，接种微生物进行发酵获得的饲料产品，常见菌酶协同发酵单一饲料有发酵豆粕、发酵玉米等；菌酶协同发酵混合饲料是指以多种饲料原料作为底物进行发酵得到的发酵饲料，基料的选择需要考虑动物所需营养物质种类及其含量，同时应创建发酵体系中微生物生长所适宜的环境。与单一饲料相比，发酵混合饲料营养更均衡，适口性更好，与全价配合饲料的营养组成更接近，同时合理的碳氮比更利于发酵菌剂的生长代谢。此外，不同原料由于其理化特性不同，互相配伍后可弥补单一饲料在流散性、适口性等方面的不足。

5.3.2　菌酶协同发酵工艺

根据菌酶协同发酵饲料的生产工艺可分为：菌酶协同好氧发酵工艺和菌酶协同厌氧发酵工艺。好氧发酵常用的发酵菌种为曲霉菌、芽孢杆菌、酵母菌等好氧或兼性厌氧菌，具有设备投资少、包装成本低等优点，常用于豆粕、玉米、酒糟等单一原料的发酵。好氧发酵工艺占地面积大，需经常翻抛，发酵均一度和稳定性较差，易受环境微生物污染。厌氧发酵常用发酵菌种为乳酸菌、芽孢杆菌、酵母菌等。与好氧发酵工艺相比，设备投资相对较大，但生产效率高，可用于各种单一或混合原料发酵，适用范围更广；发酵产品均匀度良好，产品质量稳定，染菌概率低。除上述2种典型的生产工艺外，还有将二者结合的好氧/厌氧异步发酵技术，目前基本处于研发阶段。根据含水量的不同，生物饲料生产工艺还可分为固态和液态两大类，液态发酵技术主要用于酶制剂等饲料添加剂的生产，部分用于酶解饲料的开发，这一类产品往往需要后期烘干，适合高附加值的产品开发。发酵饲料的生产主要还是以固态发酵的工艺形式进行生产。根据菌酶添加工序，可分为菌酶同步发酵工艺和菌酶两步发酵工艺。目前，菌酶协同发酵饲料的工艺大部分为一次发酵工艺，即在对饲料进行发酵的过程中同时添加所需的协同酶，在对饲料进行菌酶协同作用时均采用固态发酵的发酵形式。

采用两步法对饲料原料进行协同发酵处理，其原理都是第1步创造适合一类菌和酶的最佳反应条件，第2步创造适合另一类菌和酶的最佳反应条件，通过2个步骤采用2套工艺参数完成对饲料原料更彻底的处理，或者得到更充足的目标产物。与一次发酵工艺比较，两步法协同处理工艺考虑到了不同菌种和酶的生长环境和反应参数，能更好地发挥菌酶协同作用。但两步法协同处理的发酵工艺复杂，参数变化差异大，对生产设备和加工工艺提出了极高的要求。一次发酵工艺相对简单很多，对饲料领域更具有实用性。只要充分研究菌和酶的生活背景和反应条件，在尽量满足这些条件后，也会取得较好的发酵效果。

5.3.3　菌酶协同发酵效果

5.3.3.1　提高发酵效率

在发酵体系中添加相应的水解酶有利于提高产物的产量并缩短发酵时间，且酶解反应能够促进有益菌增殖，改善微生物发酵效果。刘江英等(2017)研究发现，在益生菌混合发酵体系中分别添加0.2、0.4、0.8 g/kg的酸性蛋白酶，发现不同剂量水平的酸性蛋白酶均能加快发酵进程，缩短发酵周期，即在相同时间内，体系内芽孢杆菌和乳酸菌繁殖数量较空白组明显增加，其中乳酸菌最高可增加11.74%。Su等(2018)研究表明，与益生菌具有协同作用的外源蛋白酶能够提高发酵豆粕中有益菌的存活率，并且加速大豆蛋白的降解率。微生物和功能酶之间的协同作用也是提高发酵效率的重要因素。

5.3.3.2 加速底物降解

在菌酶协同发酵体系中，菌株本身对底物具有高效降解能力，通过发酵还能够促进酶的活力，使整个体系的水解能力进一步提升，从而提高底物的降解程度和饲料原料的利用率。Liu 等(2016)研究报道，玉米秸秆生产蛋白饲料的最佳发酵剂为纤维素酶和酵母菌的混合物，且酶和菌的发酵比例为 8∶15，发酵 48 h 后发酵饲料的粗蛋白质含量高达 29.71%，较未发酵组提高了 4.67 倍。张煜等(2018)将枯草芽孢杆菌和粪肠球菌，按菌量比 8∶1接种，同时加入 1%的复合酶制剂(纤维素酶、甘露糖酶和果胶酶)，固态发酵后检测到饲料的中性洗涤纤维降解率超过 40%，粗蛋白质消化率提高近 7%。

5.3.3.3 改善饲料品质

植物性饲料中的抗营养因子水平是影响其营养物质消化、吸收和代谢利用率的一个重要因素，而通过菌酶协同发酵技术能够有效降低植物原料中抗营养因子和毒素的含量。外源酶补充剂已广泛应用于益生菌发酵豆粕中，用于消除豆粕中的抗营养因子并促进大豆蛋白质的降解。张煜等(2018)将枯草芽孢杆菌和乳酸菌混合菌中添加 0.5%的复合酶制剂，固态发酵 72 h 后饲料中大豆球蛋白和 β-伴球蛋白的降解率均达到 80%以上。刘显琦等(2020)研究发现，豆粕在枯草芽孢杆菌和胃蛋白酶协同发酵后，其大豆球蛋白和 β-伴球蛋白的最大降解率可以分别达到 78.6%和 40.5%。菌酶协同发酵豆粕降低豆粕抗原蛋白的效果好于菌和酶单独处理。菌酶协同发酵不仅可以将豆粕中的大豆抗原蛋白水解得更加彻底，还可以弥补微生物单一处理后产品品质不稳定的不足，提高饲料的适口性，并使其在进入动物肠道后还可以发挥维持肠道稳态的作用。

5.3.4 菌酶协同发酵饲料在猪生产中的应用效果

1. 仔猪

菌酶协同发酵饲料能够提高饲料营养水平，提高断奶仔猪生产性能，有效调节仔猪肠道微生物平衡，提高仔猪免疫力和消化能力。张煜等(2018)研究表明，与抗生素组相比，使用混菌(枯草芽孢杆菌、酿酒酵母和乳酸菌)和酶制剂处理的玉米-豆粕型饲料替代 10%的基础日粮后，断奶仔猪的耗料增重比和腹泻率无明显差异，而平均日增重和采食量却明显提高，生产性能有所改善。Huang 等(2019)研究发现，复合益生菌和霉菌毒素降解酶协同固态发酵饲料对猪空肠上皮细胞的活力有协同促进作用，减缓霉菌毒素对肠上皮细胞的毒性。冯江鑫等(2020)研究发现，菌酶协同发酵饲料能够显著提高干物质、粗蛋白质、粗脂肪、粗灰分等营养物质的消化率，降低仔猪十二指肠隐窝深度，提高绒毛高度，增加空肠杯状细胞数量，降低腹泻率，改善仔猪肠道健康和生长性能。

2. 生长育肥猪

周学海(2018)在全价饲料中添加生物发酵饲料有利于提高育肥猪采食量和日增重，且添加量与之呈正相关关系，且能提高猪肉品质。提高猪只饲料转化率，且早期应用效果优于后期，育肥猪粪便排出量也显著下降，说明在育肥猪生产中使用生物发酵饲料能有效改善育肥猪生长性能，增加料重比，同时减少粪便排出量，还能减轻对环境的污染，在降低饲料成本的同时提高生产效率。陆扬等(2019)在饲料中添加乳酸菌发酵饲料能够显著增加猪只背最长肌 $pH_{45\ min}$ 和肉色评分，且能降低背最长肌剪切力，猪只血清中谷胱甘肽还原酶活性有升高的趋势，表明添加生物发酵饲料可改善猪肉品质。

3. 繁殖母猪

饲喂生物发酵饲料不仅对母猪繁殖性能无害，还能有效改善妊娠母猪体况。生物发酵饲料适口性好，在妊娠期和哺乳期给母猪饲喂添加生物发酵饲料的日粮，能提高母猪采食量，改善机体免疫机能，促进生长激素(GH)的分泌，提高母猪繁殖性能。熊立寅等(2015)在母猪的日粮中添加生物发酵饲料，能提高哺乳母猪泌乳量和乳品质，从而提高哺乳仔猪的免疫力和生产性能，降低死胎率、弱仔率，提高断奶仔猪数、断奶平均体重，显著提高仔猪断奶成活率。隋洁等(2019)发现饲喂菌酶协同发酵饲料可以提高窝均产仔数、产活仔数以及仔猪断奶窝重；使妊娠母猪体内血清谷丙转氨酶含量显著降低，血清总蛋白和球蛋白含量显著提高。

5.3.5　菌酶协同发酵饲料的发展趋势

5.3.5.1　功能性发酵菌株的开发

厌氧菌结合酶制剂的菌酶协同发酵饲料已成为生物饲料的发展趋势，针对厌氧菌存在的水解酶分泌能力弱、代谢产物相对单一的特点，一方面要强化功能性菌株的选育，另一方面要采用基因工程技术改造菌株，赋予生产菌株更多的功能性。

5.3.5.2　地源性饲料原料酶解数据库的建立

地源性饲料原料的应用和发酵技术是建立中国特色的饲料配方体系的关键性技术，由于地源性饲料原料成分的复杂性，不易被微生物分解，在发酵过程中需要加入大量特异性的水解酶。因而，需要针对不同饲料原料，尤其是大宗的地源性饲料原料建立酶解数据库，为酶制剂在地源性饲料原料上的应用提供指导。

5.3.5.3　液态饲喂配套的发酵技术

液态饲喂、生物发酵是解决地源性发酵饲料应用的两大核心技术，目前国内已有多家企业开展液体饲喂设备的开发，部分养殖企业已经开始应用，市场反馈正向效果居多。基于液态饲喂的诸多优点，其在猪的饲喂上具有广阔的市场空间。而发酵饲料与液态饲喂系统可以无缝连接，通过液态饲喂可以完美地解决湿基发酵饲料在养殖端存在染霉和物料分散不均匀的两大核心问题。因此，随着液态饲喂技术的成熟，与液态饲喂相配套的发酵技术、酶解技术和发酵饲料将具有广阔的市场空间。

5.3.5.4 菌酶协同技术机理的深入研究

菌酶协同技术机理研究主要可从以下 3 个方面入手：①研究不同菌株之间的相互作用，如生长速率、拮抗（促进）作用、耐受性、定植机理以及益生作用机理等。②研究酶与酶之间的协同、拮抗等。③益生菌与酶制剂之间的协同作用，如碱性蛋白酶与芽孢杆菌之间存在协同效果，酸性蛋白酶与乳酸菌之间存在协同效果等。

5.3.6 菌酶协同发酵饲料存在的问题

5.3.6.1 协同作用机理不清晰

酶协同发酵已成为目前应用最为广泛的发酵饲料生产方式，但目前的理论研究仍然停留在初级阶段，缺乏深层次的机理研究。研究多集中在酶制剂的分子结构、酶活、酶学特性、功能，以及菌种的形态特点、生长特点、产物特点；酶制剂和菌种之间的相互作用，以及菌种、酶制剂与动物机体之间的相互作用和机理研究尚较少，在复杂原料的处理方面，缺乏稳定的效果和完善的应用方案。

5.3.6.2 评价标准不统一

缺乏客观快捷的评价方法，很多菌酶协同作用的饲料要到饲养试验中去评价处理效果的好坏，缺乏现场的快速评价。另外，菌酶协同发酵目的不一，所使用的酶制剂、菌种、发酵基质差异较大，酶活定义和检测方法不统一，导致菌酶协同发酵效果评价标准难以制定，不同机构的研究成果无法通过数据直接对比，目前急需权威性机构制定标准，建立菌酶协同作用过程评价机制。

5.4 生物饲料添加剂

生物饲料添加剂是指通过生物工程技术生产，能够提高饲料利用效率、改善动物健康和生产性能的一类饲料添加剂，主要包括酶制剂、酸化剂、微生物饲料添加剂和功能性寡糖等。

5.4.1 酶制剂

酶制剂是指酶经过提纯、加工后的具有催化功能的生物制品，主要用于催化生产过程中的各种化学反应，具有催化效率高、高度专一性、作用条件温和、降低能耗、减少化学污染等特点。饲用酶制剂从 20 世纪 90 年代起开始应用，它的特点是安全、高效、环保、无残留。饲料用酶可以提高饲料的利用效率，减轻环境污染，改善动物的健康水平，可以减少抗生素的使用，提供更安全的动物产品。《饲料添加剂目录》允许使用的酶制剂包括淀粉酶、蛋白酶、角蛋白酶、脂肪酶、麦芽糖酶、植酸酶、非淀粉多糖酶（纤维素酶、木聚糖酶、β-葡聚糖酶、β-甘露聚糖酶、果胶酶）、α-半乳糖苷酶、葡萄糖氧化酶等 13 种（表 5-2）。

表 5-2　饲料中允许使用的酶制剂

名称	适用范围
淀粉酶（产自黑曲霉、解淀粉芽孢杆菌、地衣芽孢杆菌、枯草芽孢杆菌、长柄木霉、米曲霉、大麦芽、酸解支链淀粉芽孢杆菌）	青贮玉米、玉米、玉米蛋白粉、豆粕、小麦、次粉、大麦、高粱、燕麦、豌豆、木薯、小米、大米
α-半乳糖苷酶（产自黑曲霉）	豆粕
纤维素酶（产自长柄木霉、黑曲霉、孤独腐质霉、绳状青霉）	玉米、大麦、小麦、麦麸、黑麦、高粱
β-葡聚糖酶（产自黑曲霉、枯草芽孢杆菌、长柄木霉、绳状青霉、解淀粉芽孢杆菌、棘孢曲霉）	小麦、大麦、菜籽粕、小麦副产物、去壳燕麦、黑麦、黑小麦、高粱
葡萄糖氧化酶（产自特异青霉、黑曲霉）	葡萄糖
脂肪酶（产自黑曲霉、米曲霉）	动物或植物源性油脂或脂肪
麦芽糖酶（产自枯草芽孢杆菌）	麦芽糖
β-甘露聚糖酶（产自迟缓芽孢杆菌、黑曲霉、长柄木霉）	玉米、豆粕、椰子粕
果胶酶（产自黑曲霉、棘孢曲霉）	玉米、小麦
植酸酶（产自黑曲霉、米曲霉、长柄木霉、毕赤酵母）	玉米、豆粕等含有植酸的植物籽实及其加工副产品类饲料原料
蛋白酶（产自黑曲霉、米曲霉、枯草芽孢杆菌、长柄木霉）	植物和动物蛋白
角蛋白酶（产自地衣芽孢杆菌）	植物和动物蛋白
木聚糖酶（产自米曲霉、孤独腐质霉、长柄木霉、枯草芽孢杆菌、绳状青霉、黑曲霉、毕赤酵母）	玉米、大麦、黑麦、小麦、高粱、黑小麦、燕麦

5.4.1.1　植酸酶

植物性饲料原料中的磷一部分以植酸磷的形式存在，1 分子的植酸盐是由 1 分子的肌醇与 6 分子的磷酸分子以磷脂键结合而成的，动物自身不能分泌植酸酶，不能消化饲料中的植酸磷。植酸酶则可将植酸盐降解为肌醇与磷酸分子，磷酸分子可被动物吸收利用，同时，植酸酶的应用减少磷对环境的排放与污染。植酸酶的主要作用效果表现为提高磷与矿物质微量元素等的利用效率，提高蛋白质与氨基酸的利用率，改善饲料能量利用效率，提高动物生长性能。植酸酶是目前结构与功能及效果研究得最为透彻、应用最为广泛的一种饲用酶制剂。

5.4.1.2 非淀粉多糖酶

非淀粉多糖是植物性原料中除淀粉外所有碳水化合物的总称，非淀粉多糖包括纤维素、半纤维素、果胶等，而半纤维素则包括木聚糖、葡聚糖、甘露聚糖等。植物细胞的扫描电镜图表明，其结构为胚乳中的营养物质如淀粉、蛋白质与脂肪包含在植物细胞中，其表面为细胞壁所包裹，细胞壁的主要成分为非淀粉多糖，而动物体内不能分泌非淀粉多糖酶，因此，如果动物充分消化饲料中的营养物质如淀粉、蛋白质与脂肪，非淀粉多糖酶的应用非常必要。

非淀粉多糖分为可溶性非淀粉多糖与不溶性非淀粉多糖。可溶性非淀粉多糖的主要作用是导致食糜产生黏性。不溶性非淀粉多糖的主要作用有2点：①它是植物细胞壁的主要组成成分，包裹营养物质形成“笼壁”效应；②嵌入在细胞壁基质中的营养物质会极大影响消化酶的消化作用。非淀粉多糖的抗营养作用主要表现为：①营养束缚作用。减少消化酶与营养物质的接触，营养物质消化率降低。②黏性效应。非淀粉多糖，特别是可溶性的非淀粉多糖，溶于水后具有极强的吸水和持水能力，与水分子直接互相作用而增加食糜黏度，肠道通过速度降低，降低营养物质的吸收，内容物的黏性会使小肠黏膜表面的不动水层增厚，降低养分向肠绒毛的扩散。③高黏性。非淀粉多糖可直接与消化酶结合，从而降低消化酶活性，降低营养物质消化率。④可导致消化器官与组织增生。由于用于器官与组织增生的蛋白质的量增加而用于蛋白质沉积的蛋白质的量下降，因而最终导致蛋白质效率降低。⑤促进厌氧菌的增殖，刺激肠壁增厚、微绒毛萎缩，降低营养物质的吸收。

非淀粉多糖酶可有效降解非淀粉多糖，极大地降低非淀粉多糖的抗营养特性，提高营养物质的消化率。同时，非淀粉多糖酶可将部分非淀粉多糖如葡聚糖与纤维素等降解为单糖葡萄糖，此部分葡萄糖可被动物吸收并代谢为能量，所以从某种意义上说，非淀粉多糖自身就是能量物质。

5.4.1.3 α-半乳糖苷酶

α-半乳糖苷酶是催化α-半乳糖苷键水解的一种外切糖苷酶，可以催化水解棉子糖、水苏糖、毛蕊花糖及其衍生物，在自然界中分布广泛。α-半乳糖苷酶，又称蜜二糖酶，可以催化不同半乳糖苷底物去除α-1,6-连接的半乳糖残基。大豆和其他豆类作为饲料中丰富的蛋白质来源，其中含有高浓度的可溶性低聚糖如棉子糖和水苏糖等，其在动物胃肠道中不能被彻底消化，这些未消化完全的糖进入动物肠道后会促进有害菌群的增长，引起胀气和胃肠道紊乱，严重损害动物的健康，降低动物饲料的饲用效率。因此，在动物饲料中添加 α-半乳糖苷酶制剂可以将这些多余的糖进行分解，抑制其在肠道中发酵，减轻动物胃肠道胀气症状，避免有害致病菌对动物肠道的损害，提高动物的免疫力，增加动物肠道对营养物质的吸收，提高饲料利用率。

5.4.1.4 葡萄糖氧化酶

葡萄糖氧化酶最早在 1904 年被发现，1928 年起研究人员先后在黑曲霉、灰绿青酶、青霉菌中发现这一类脱氢酶，并证实该脱氢酶也是一类抗菌剂，但其仅在葡萄糖作用下才有杀菌效果，遂将其称为葡萄糖氧化酶。20 世纪 40 年代葡萄糖氧化酶产品问世，70 年代在国外得到了广泛的应用。我国对葡萄糖氧化酶研究起步较晚，在国外对其进行广泛应用的时候，我国才开始对其进行全面、系统的研究，并于 1999 年将其正式纳入 12 种允许在饲料中添加的酶制剂列表，2013 年 12 月 30 日农业部发布的《饲料添加剂品种目录(2013)》专门规定了特异青霉和黑曲霉是我国允许使用的饲料级葡萄糖氧化酶生产使用的限定菌株。

葡萄糖氧化酶是一种需氧脱氢酶，含有 2 分子黄素腺嘌呤二核苷酸的黄素蛋白。葡萄糖氧化酶酸碱稳定范围在 pH 3.5～6.5，温度范围为 30～60 ℃，葡萄糖为该酶的稳定剂，能在有氧环境下氧化葡萄糖生成葡萄糖酸和过氧化氢。葡萄糖氧化酶在体内能消耗肠道内氧气，从而抑制肠道内大肠杆菌、沙门菌等有害需氧菌；在肠道内形成厌氧环境，利于大多数有益菌繁殖，同时形成葡萄糖酸，酸化肠道内环境，为肠道内乳酸杆菌、芽孢杆菌等厌氧有益菌群繁殖生长创造有利条件，达到促进肠道内营养吸收的作用。

5.4.1.5 复合酶制剂

复合酶制剂是指产品中含有 2 种或 2 种以上主要功效酶成分，这些酶是根据饲料原料和动物消化生理的不同而特定复配，对饲料中多种成分具有酶催化作用的饲料用酶制剂。影响动物对某种饲料原料消化能力的因素是多方面的，既与动物的品种、年龄、生理阶段有关，还与饲料组成成分、加工工艺等有关，因此可以根据不同畜禽的消化生理特点和饲料的组成成分，配制出不同畜禽的专用复合酶制剂，也可根据不同的饲料类型配制出不同的专用复合酶。使用专用复合酶制剂可以同时降解多种饲料底物，不同种类的酶之间还具有协同作用，从而可以最大限度地提高饲料的营养价值。

1. 复合酶制剂的分类

目前，畜禽生产中常用的饲用复合酶制剂基于其不同的功能特点，可分为以下几类。

(1)以蛋白酶、淀粉酶为主的饲用复合酶，此类酶制剂主要用于补充动物内源酶的不足。

(2)以β-葡聚糖酶和木聚糖酶为主的饲用复合酶。此类酶制剂主要用于以谷实为主要原料的饲粮，如大麦、燕麦、小麦和黑麦为主要原料的饲料，其主要作用是抵消非淀粉多糖的抗营养作用。

(3)以纤维素酶、果胶酶为主的饲用复合酶。此类酶主要由木霉、曲霉和青霉直接发酵而成，主要作用为破坏植物细胞壁，使细胞中的营养物质释放出来，易于与消化酶接触，并能消除饲粮中的抗营养因子，降低胃肠道内容物的黏稠度，促进动物消化吸收。

(4)纤维素酶、蛋白酶、淀粉酶、糖化酶、葡聚糖酶、果胶酶等复合得到的饲用复合酶，此类复合酶制剂综合了以上各酶系的共同特点，具有更优的饲用效果。

2.复合酶制剂的作用机理

(1)提高营养物质利用率　植物细胞壁主要由纤维素、半纤维素和果胶等非淀粉多糖组成，也含有少量蛋白质、酚类和脂肪酸等物质，通过各种化学键错综复杂地互相交联而形成。其中半纤维素主要由阿拉伯木聚糖、β-葡聚糖和甘露聚糖等多糖组成。由于单胃动物不能分泌分解非淀粉多糖的酶，细胞壁包裹着植物细胞中的营养物质，就会阻碍细胞内容物与动物内源消化酶的充分接触，从而降低动物对营养物质的消化率。玉米、豆粕、小麦、大麦、菜籽粕等常用植物性饲料原料中非淀粉多糖的含量较高，而添加阿拉伯木聚糖酶、β-葡聚糖酶、甘露聚糖酶、纤维素酶和果胶酶可使细胞壁中的非淀粉多糖降解为小分子片段，从而打破其壁垒结构，使细胞壁内的营养物质与消化酶得到充分接触，提高饲料的营养价值。

(2)降低食糜黏度　在麦类饲料中非淀粉多糖的含量较高，尤其是其中的可溶性非淀粉多糖具有较强的抗营养作用，主要为β-葡聚糖和阿拉伯木聚糖。可溶性非淀粉多糖本身的结构特点决定了其具有溶于水后产生黏性和持水力强等特性，这是可溶性非淀粉多糖产生抗营养作用的主要原因。畜禽采食麦类日粮后，小肠中的食糜黏度会增加，胃肠道的机械运动混合能力也随之下降，从而减缓了养分和内源酶的扩散结合速度，最终导致了养分利用率的降低。未被充分消化的饲料养分进入小肠后段，会成为厌氧有害微生物增殖发酵的培养基，发酵产生的毒素可抑制畜禽生长。添加非淀粉多糖酶后，非淀粉多糖酶可将高黏度的可溶性非淀粉多糖水解成多糖片段，这些小分子多糖片段的黏度大为降低，食糜黏度也大为下降，从而打破养分和与消化酶之间的扩散屏障，大大提高饲料养分的消化利用率。

(3)补充内源酶的不足　幼龄动物自身分泌内源酶不能满足对饲料的消化，因此影响其生长的因素主要表现在内源酶分泌的相对不足。同时老年动物消化酶分泌能力的下降，动物处在应激和感染疾病状态下消化酶的分泌紊乱，都会造成消化酶的不足。因此，需要在动物日粮中额外添加外源酶制剂来帮助其消化。酶制剂主要通过微生物发酵得到,其理化性质与内源酶不同,添加酶制剂不会抑制内源酶的分泌,反而会在一定程度上促进内源酶的分泌,进而促进肠道中底物的分解,并消除抗营养因子的不利作用。

(4)改善肠道微生态环境 可溶性非淀粉多糖的抗营养作用降低了畜禽对日粮养分的吸收,为消化道内微生物的繁殖提供了有利条件,导致消化道内微生物过度繁殖,影响畜禽的生长和健康。饲用酶制剂可以限制消化道内微生物的过度繁殖,减少畜禽的免疫应答反应,改善畜禽健康状况。这主要是通过水解可溶性非淀粉多糖,提高日粮养分消化率,破坏微生物生存所需的养分条件来实现的。非淀粉多糖酶还可以调控动物胃肠道的微生态环境,促进有益菌的生长繁殖,抑制有害菌对肠壁的黏附,维持正常的消化道环境。

(5)消除蛋白质类抗营养因子 植物性饲料原料含有多种蛋白质类抗营养因子,如胰蛋白酶抑制剂和植物凝集素等。这些抗营养因子不能被动物自身所分泌的内源蛋白酶所水解,但是可以被外源酶水解,以解除对动物机体产生的抗营养作用。有研究报道蛋白酶在适宜的温度和 pH 条件下,均能够不同程度地水解大豆中的蛋白酶抑制因子和凝集素,使其失活。这说明饲用酶制剂中的蛋白酶不仅能够提高饲料中蛋白质的消化率,而且能降解蛋白质类抗营养因子。

5.4.2 酸化剂

酸碱度(pH)是动物体内消化环境中的重要因素之一,合理地调节仔猪肠内的 pH 对于防治仔猪由断奶应激而引起的腹泻、降低仔猪死亡率起着重要作用。酸化剂是指能提高饲料酸度(pH 降低)的一类物质。酸化剂能够降低饲料 pH 和缓冲能力,降低胃肠道 pH,提高营养物质消化率,抑制病原菌繁殖,促进有益菌的生长,被认为是抗生素的有效替代品之一。

5.4.2.1 酸化剂的分类

酸化剂根据成分可分为单一型酸化剂和复合型酸化剂;根据加工工艺可分为包被型酸化剂和未包被型酸化剂等。以酸化剂的成分和形式的不同将其分为有机酸化剂和无机酸化剂。

1.有机酸化剂

常用的有机酸化剂有柠檬酸、乳酸、延胡索酸、酒石酸、苹果酸等。有机酸又可以分为单一有机酸和复合有机酸。饲料中常见的有机酸化剂根据其特性分为 2 种:一种是通过降低胃肠道环境的 pH 并参与机体能量代谢(三羧酸循环)的有机酸,如富马酸、柠檬酸等大分子有机酸的保护性酸化剂,此类有机酸所解离释放的氢离子较少,在降低 pH 作用方面可能不如小分子有机酸;另一种是通过降低胃肠道 pH,破坏细菌细胞膜,干扰细菌物质代谢和 DNA 合成等过程来达到抑菌目的的抑制性酸化剂，代表酸主要有甲酸、乙酸、丙酸等相对分子质量较小的酸，其主要是改善畜禽的肠道健康，提高畜禽生产力，参与体内代谢调节和增强免疫力等。

2. 无机酸化剂

无机酸化剂是由一种或者多种无机酸共同组成的一类酸化剂。无机酸是一类能解离出 H^+ 的无机化合物。在饲料中应用的无机酸主要有盐酸、硫酸和磷酸，但硫酸和盐酸为强酸，其强腐蚀性易给畜禽、设备和工人身体带来较大的危害。而磷酸对于畜禽生长性能表现出了积极效应，但为了避免磷在畜禽体内富集以及钙磷比例的失衡，使用磷酸作为无机酸化剂时要考虑饲料配方中磷的含量以及钙磷比例。

3. 复合酸化剂

有机酸化剂的离解度低，所以降低胃中 pH 的速度和能力都比无机酸化剂较慢。与有机酸化剂相比，无机酸化剂离解程度高且离解速度较快，能够快速地降低饲料和胃内的 pH，具有较强的酸性，在胃内解离产生的 H^+ 会大幅度缩短胃中 pH 降低的时间，但胃内 pH 的急剧降低会损伤胃黏膜，影响胃黏膜功能，从而抑制胃酸的分泌。此外，无机酸化剂对饲料的酸化能力过强，降低了饲料的适口性。而复合酸化剂是根据实际生产需求，由特定的有机酸和无机酸复合而成。复合酸化剂结合了各自独特的优势，充分克服了有机酸化剂的添加剂量大和经济成本高、无机酸化剂功能单一和腐蚀性强的缺陷。优质的复合酸化剂中各成分之间能够很好地协同并将其作用和优势最大化，且使用效果远优于单一酸化剂，这在许多试验中得到了印证。因此，复合酸化剂也因其作用范围广、添加剂量少、饲料成本低等优势被广泛应用。

4. 包被酸化剂

包被酸化剂是在复合酸化剂的基础上，通过改进生产工艺，将酸化剂进行微囊化。包被酸化剂能够减缓酸化剂在肠道中的流通速率，进行持续的酸化作用，并且能够作用于后肠道并降低 pH，减少后肠道病原微生物的增殖。包被酸化剂能够在畜禽胃肠道中持久稳定地发挥作用，它弥补了复合酸化剂无法到达后肠道的弊端，但也增加了经济成本。因此，在生产应用中，应结合实际情况来进行考虑。

5.4.2.2 酸化剂的作用机理

1. 降低饲料 pH

畜禽采食饲料后，胃中释放的胃液与饲料充分接触，在接触过程中会逐步提高胃中胃液的 pH，而胃蛋白酶在 pH 3～5 时活性最强。胃内 pH 超过 5 后，胃蛋白酶原无法被激活并无法有效释放，从而降低了畜禽对饲粮蛋白质的消化能力。此外，胃内 pH 较高有利于饲料中的大肠杆菌、沙门菌等病原微生物进入小肠，且肠道内较高的 pH 也为病原菌的增殖提供了条件，加速了病原菌的生长繁殖，不同微生物的适宜 pH 见表 5-3。

表 5-3 不同微生物的适宜 pH

种类	适宜 pH	种类	适宜 pH
乳杆菌	5.4～6.4	链球菌	6.0～7.5
酵母菌	5.6～6.0	葡萄球菌	6.8～7.5
芽孢杆菌	7.2～7.5	肠球菌	7.0～9.0
拟杆菌	5.0～7.5	微球菌	7.2～7.6
双歧杆菌	6.5～7.0	变形杆菌	7.5～8.5
丁酸梭菌	4.0～9.8	志贺菌	6.4～7.8
大肠杆菌	6.0～8.0	假单胞菌	7.0～8.0
沙门菌	6.8～7.2	巴氏杆菌	7.2～7.4

引自：Mackie R，White B. Gastrointestinal microbiology：gastrointestinal ecosystems and fermentations [M]. Berlin：Springer Science and Business Media，2012：182.

2. 参与机体能量代谢

柠檬酸和延胡索酸等有机酸是机体三羧酸循环的重要产物之一，其产生能量的途径较葡萄糖的糖酵解途径短，在机体应激状态下可以短期内紧急合成大量的 ATP 来保证机体能量代谢，有利于提高机体的抵抗力。另外，乳酸、丁酸等有机酸也可以通过糖异生等途径来合成葡萄糖，保证机体正常的营养和物质代谢。

3. 抑菌作用

有机酸进入动物胃肠道后，一部分解离产生 H^+ 用于降低 pH，而另一部分以未解离的状态通过自由扩散方式进入宿主和细菌细胞内。细菌外膜的脂多糖是细菌的一道防御屏障，可以有效阻止富马酸、柠檬酸等大分子有机酸或抗生素进入细菌细胞内；甲酸、乙酸等小分子有机酸则可以通过外膜孔道蛋白进入周质空间，然后从后方与细菌外膜的脂多糖羧基、磷酸基团发生质子化反应，从而减弱细菌外膜的防御力；随着细菌外膜脂多糖和蛋白质组分的逐渐解离，细菌外膜的完整性被破坏，细菌内容物外泄从而引发细菌死亡，实现抑菌的目的。有机酸通过抑制 DNA 合成所需要的核糖核酸还原酶来干扰大肠杆菌的 DNA 复制，从而抑制细菌生长。有机酸不仅可以影响 DNA 的合成，还可以通过改变细菌代谢途径来降低细菌对葡萄糖的利用效率。

5.4.2.3 酸化剂在猪生产中的应用效果

1. 繁殖母猪

酸化剂能够掩盖饲粮中不良气味，提高母猪采食欲望。酸化剂进入母猪肠道后段，发生酸化作用降低肠道后段 pH，抑制有害菌生长，为益生菌生长提供能量，改善肠道菌群，研究表明，饲粮中添加酸化剂能够显著降低其粪便中大肠杆菌数量。饲粮中添加酸化剂还能改善母猪乳品质，降低尿素氮含量，提高母猪哺乳仔猪的抵抗力，对其后代生长性能有显著影响。酸化剂还可以使母猪血液生化指标发生变化。哺乳母猪饲喂柠檬酸，血浆中钙和磷的含量显著增加。母猪日粮添加 0.15% 丁酸钾可以提高哺乳第 1 天的血浆葡萄糖和甘油三酯含量。

妊娠后期和哺乳期饲粮中添加酸化剂能够改善母猪和哺乳仔猪的生产性能。在妊娠 84 d 至哺乳 21 d，母猪饲粮在对照组基础上分别添加 0.125% 和 0.200% 的山梨酸，对哺乳各阶段母猪的背膘损失、日均泌乳量和仔猪的出生均重、平均日增重及窝重均有不同程度的增加。从产前 7 d 到断奶，在基础饲粮水平上添加 0.2% 的腐植酸钠，能够提高哺乳仔猪断奶 35 d 个体重和 0～20 d 的平均日增重。从分娩到断奶的母猪饲粮中添加化 2 kg/t 和 4 kg/t 的酸化剂（有效成分乳酸、富马酸、山梨酸等），添加 4 kg/t 酸化剂组相比于对照组能够显著提高哺乳期母猪的平均日采食量。这说明酸化剂不仅能够提高哺乳期母猪的采食量，而且能够增加营养物质从母猪到仔猪的转移。

2. 仔猪

断奶应激会导致断奶仔猪消化不良、病原菌大量繁殖和绒毛萎缩，阻碍仔猪的生长和发育。断奶仔猪饲粮中添加酸化剂能够调控仔猪的肠道屏障功能，抑制病原菌的繁殖，改善营养物质的消化、吸收，提高饲料转化效率。将酸化剂和枯草芽孢杆菌同时添加到断奶仔猪日粮中，显著提高了十二指肠和空肠中脂肪酶和淀粉酶等消化酶的活性。断奶仔猪日粮中添加 0.002 5% 的安普霉素、0.5%的柠檬酸和 0.4%的复合酸化剂（17.2% 甲酸、4.1% 丙酸、10.2% 乳酸、9.5% 磷酸以及 34.0% 的二氧化硅），在试验开始前所有仔猪灌服 5 mL 含 2.3×10^8 CFU/mL 大肠杆菌和 5.9×10^8 CFU/mL 鼠沙门菌培养液，添加 0.5%的柠檬酸组相比于对照组和复合酸组能够改善 0～14 d 和 0～28 d 仔猪料重比。类似的研究也表明，在断奶仔猪的日粮中添加柠檬酸可以显著提高采食量和日增重，显著提高仔猪对日粮养分的消化率，并且显著降低肠道内容物中有害菌的数量。包括柠檬酸在内的短链有机酸可直接被肠上皮细胞吸收，降低仔猪断奶应激对肠吸收功能的负面影响，促进仔猪对养分的吸收，提高断奶仔猪对饲料的利用率。使用酸化剂替代仔猪日粮中的抗生素对生产没有负面影响，与抗生素相比可使肠道细菌群落更加多样化，酸化剂（主要是有机酸）的添加还可减轻仔猪炎症，提高血液免疫指标的含量，增强仔猪的免疫力。通过建立体外仔猪肠道微生物菌群调控模型，发现有机酸能有效抑制病原菌（沙门菌和大肠杆菌）的增殖。给断奶仔猪饲喂酸化剂，酸化剂组与对照组和抗生素组相比，血液中抗体水平分别提高了 21.6%和 37.9%。在断奶仔猪日粮中添加 1.0%的柠檬酸可以显著提高断奶仔猪血清中总蛋白、白蛋白和球蛋白水平。给断奶仔猪饲喂含有甲酸、乳酸和挥发性脂肪酸的混合物，试验组仔猪第28天血浆中IgA的含量较对照组显著增加。酸化剂也可以使仔猪血液生化指标发生变化。饲喂酸化日粮后，仔猪体内游离脂肪酸和血清糖含量下降，血清总蛋白含量上升，胰岛素浓度增加，合成代谢的速率提高，这些是饮食酸化促进仔猪生长的生化基础。仔猪采食含有柠檬酸的饲粮，其肉品质将得到改善，并且柠檬酸还具有抗氧化和降低仔猪血液中胆固醇的功能。

5.4.2.4　影响酸化剂作用的因素

饲粮中添加酸化剂对动物生产性能的影响差异较大，有些试验报道添加酸化剂能够改善促进动物生长性能，然而有些试验却没有效果，甚至出现负效果。原因主要有下4个方面。

1. 动物日龄

动物处于不同的日龄，消化系统结构就不一样。因此，饲粮中添加酸化剂对其产生的作用也不相同。酸化剂在仔猪阶段以改善生长性能和免疫功能为主，仔猪的消化系统伴随着年龄而逐渐成熟。刚断奶的仔猪对酸化剂的反应最敏感，尤其是在断奶后前几天，刚断奶的仔猪由于胃部仍然没有完全成熟，可能无法分泌有用的酸来帮助固体食物的消化和抑制有害菌的繁殖。在育肥猪阶段以提高营养物质的消化吸收能力为主，在母猪阶段以改善母猪肠道菌群平衡为主。

2. 饲粮组成

饲粮组成能够影响酸化剂的作用效果。相比于含有乳制品的复合日粮，单一日粮主要包括谷物类和菜粕，可能使酸化剂发挥更大的作用，因为乳产品可能减弱酸化剂的积极作用。此外，复合日粮一般具有较高的缓冲能力，也可能减弱酸化剂降低pH的能力。复合日粮包含的原料相比较于单一日粮更容易被消化，也可能降低酸化剂的积极作用。

3. 添加量

饲粮中添加酸化剂的水平能够影响酸化剂的作用效果。一般来说，饲粮中添加酸化剂的水平越高，对动物生产性能改善越大。例如，在断奶仔猪日粮中分别添加0.050％、0.125％和0.200％的山梨酸，添加0.200％的山梨酸能显著提高断奶仔猪56日龄和77日龄的体重和全期的平均日增重，而添加0.050％、0.125％的山梨酸与对照组相比无显著影响。

4. 饲料的适口性

饲粮中添加酸化剂对动物促生长的作用与如何提高动物采食量有关，而采食量的提高主要是由于饲料的适口性更好，不同酸化剂对采食量有不同的作用效果。一般来说，饲粮中添加甲酸对采食量有促进作用，延胡索酸对采食量没有影响，而添加柠檬酸对采食量有消极的影响。此外，无机酸被认为对饲料适口性可产生消极影响。

5.4.3 微生物饲料添加剂

微生物饲料添加剂通常指从动物、植物以及自然环境中分离得到的有益菌，经扩大培养、干燥等特殊工艺制成的含活菌或菌体及其代谢产物的生物活性制剂。其可通过动物消化道生物的竞争性排斥作用抑制病原菌或有害微生物的增殖，使有益菌增多，从而促进动物生长和提高饲料转化率。早在1974年，蒙哈德利用仔猪实验证实了乳酸菌在日粮中的添加促进了仔猪的生长。但微生物饲料添加剂的发展还是经历了一段相当长的沉寂才开始重新进入人们的视野。作为无残留的天然饲料添加剂，微生物饲料添加剂可以很好地代替抗生素及抗菌类药物等，生产出无公害、绿色的动物食品。美国最早从20世纪70年代开始将微生物应用到畜禽养殖。20世纪80年代中期开始，微生物在全世界范围内尤其是欧洲和亚洲等发达国家和地区中得到了大力的推广和深入的研究。

5.4.3.1 种类

我国可以使用的微生物菌种包括地衣芽孢杆菌、枯草芽孢杆菌、两歧双歧杆菌、粪肠球菌、屎肠球菌、乳酸肠球菌、嗜酸乳杆菌、干酪乳杆菌、德式乳杆菌乳酸亚种、植物乳杆菌、乳酸片球菌、戊糖片球菌、产朊假丝酵母、酿酒酵母、沼泽红假单胞菌、婴儿双歧杆菌、长双歧杆菌、短双歧杆菌、青春双歧杆菌、嗜热链球菌、罗伊氏乳杆菌、动物双歧杆菌、黑曲霉、米曲霉、迟缓芽孢杆菌、短小芽孢杆菌、纤维二糖乳杆菌、发酵乳杆菌、德氏乳杆菌保加利亚亚种、产丙酸丙酸杆菌、布氏乳杆菌、副干酪乳杆菌、凝结芽孢杆菌、侧孢短芽孢杆菌等34个菌种。常用于微生物饲料添加剂的菌种包括乳酸菌、芽孢杆菌、酵母菌等。

1.乳酸菌

乳酸菌类是一类无芽孢的革兰氏阳性菌，能够通过代谢糖类物质产生乳酸。包括乳杆菌属、明串珠菌属、足球菌属和链球菌属。目前应用于饲料添加剂的微生物主要有：植物乳杆菌、嗜酸乳杆菌、发酵乳杆菌、干酪乳杆菌、粪肠球菌、屎肠球菌等来源于乳酸杆菌属和乳酸链球菌属的多种微生物，能起到调理肠道和防治胃肠疾病的作用。乳酸杆菌因其无致病性，被广泛使用，能够顺利在肠道定植生长，益生作用主要表现在：①能代谢产生酶类、有机酸、乳酸菌素等有益物质，降低肠道内的pH，抑制病原菌和腐败菌的生长；②乳酸杆菌能清除胺、氨、吲哚、酚等潜在致癌物质，维系有益菌处于优势状态，保证肠道菌群的动态平衡，减少动物肠道疾病的发生；③乳酸杆菌产生的蛋白酶、淀粉酶、脂肪酶等消化酶，不仅能加速乳酸菌的生长，还能维持肠道内微生态平衡，有助于动物对饲料的消化吸收和利用；④降低宿主血胆固醇含量，增强宿主耐乳酸能力；⑤乳酸杆菌可以使肠毒素失活，刺激胃肠道非特异性局部免疫；⑥乳酸菌在糖代谢时产生双乙酰可以抑制病原菌。

2. 芽孢杆菌

芽孢杆菌是在动物消化道中零星存在的一类需氧微生物群落，在一定条件下可以产生休眠体——芽孢，芽孢对热、干燥、化学消毒剂和其他理化因素有较强的抵抗力，在动物肠道内可耐高温、高压、酸性和碱性等环境，具有高度的稳定性。微生物饲料添加剂中的芽孢杆菌是肠道的过路菌，不能定植于肠道中。其优点是：芽孢杆菌在动物肠道内生长代谢过程中能产生多种有效物质，如酶类、多种氨基酸和B族维生素，有助于饲料营养物质的消化和吸收，提高饲料转化率，促进动物的生长；芽孢杆菌通过生物夺氧作用来维持肠道菌群平衡，肠道中大量的游离氧被消耗，造成肠道厌氧环境，从而抑制有害菌生长，促进优势菌的增殖；产生多肽类抗菌物质，拮抗肠道内的病原菌；芽孢杆菌在储藏过程中常以内生孢子形式存在，不消耗饲料中的养分，保证饲料质量的稳定；芽孢杆菌具有抗逆性强、稳定性高、耐高温高压、抗干燥、易储存等优良特性，在生产加工过程中不易死亡，有利于产品的运输和保藏。芽孢杆菌孢子在进入肠道后能够快速复活，复活率高达100%。其中的枯草芽孢杆菌可以利用复杂植物性碳水化合物如果胶、多聚半乳糖醛酸及羧甲基纤维素等进行生长代谢活动。目前，枯草芽孢杆菌、地衣芽孢杆菌等在饲料添加剂中的使用比较多。

3. 酵母菌

酵母菌属于动物肠道的有益微生物，酵母菌细胞富含蛋白质、核酸、消化酶和维生素等营养成分，为宿主提供养分，增加饲料适口性。目前应用较多的主要有酿酒酵母、产朊假丝酵母等。酵母菌的益生作用还体现在以酵母菌培养物的形式发挥益生作用。酵母菌培养物是指酵母菌的后期制品，主要是用特定的培养成分培养，在厌氧环境下充分发酵，通过特殊的加工工艺生产的物质。主要包括：酵母菌细胞，酵母菌发酵后的代谢产物，以及发酵后剩余的培养基(营养物质被降解转化)。20世纪中期，酵母菌培养物作为饲料添加剂逐渐兴起，在反刍动物中应用比较多且广泛。酵母菌培养物营含有丰富的促生长因子、氨基酸、B族维生素及矿物质等营养成分，可以发挥多种水解酶活性，起到提供营养成分和促消化的作用；促进动物细胞分裂，加快机体新陈代谢；为动物提供菌体蛋白质，补充营养，供机体吸收用于生长；有助于益生菌的生长和定植，拮抗病原菌的生长；刺激机体免疫应答，增强免疫功能，起到防治消化道疾病的作用。

4. 霉菌

霉菌类活菌制剂也被称为真菌添加剂，用于生产的主要有米曲霉和黑曲霉。霉菌能产生如脂肪酶、蛋白酶、纤维素酶、淀粉酶、果胶酶等多种酶，将难以消化的大分子多糖、脂类和蛋白质降解成易消化吸收的小分子物质，改善生长性能。如曲霉、青霉和木霉等都能产生纤维素酶，促进对细胞壁的降解。有些曲霉能够代谢产生植酸酶，在代谢植酸的过程中能产生磷，动物机体将磷吸收利用后，减少了粪便中的磷含量，从而改善对环境造成的污染。霉菌添加剂用于反刍动物比较多，主要以酶促剂和催化剂的形式发挥作用，既可以调节肠道微生态的平衡，又可以分解粗纤维等物质，为机体提供能量的同时又提高了饲料转化率。

5.4.3.2 特点

作为饲料添加剂的有益微生物应具备以下特点：①保证安全无害，能提高动物的生长性能和抗病能力；②调节机体微生态的平衡，能够黏附消化道黏膜上皮细胞并有效定植于消化道，抑制病原菌；③能够耐受动物消化道的特殊环境，抵抗胃酸、胆盐及消化酶的作用；④能产生抗菌代谢物，合成生长所需的酶和营养物；⑤能耐受生产加工过程中的高温、高压、干燥等环境，在产品制备和储存过程中能长期保持活性。

5.4.3.3 作用机理

益生菌的作用机理主要是通过化学屏障、机械屏障和免疫屏障增强有益菌群优势，维护胃肠道菌群平衡，从而维护肠道的健康。目前研究的理论以优势种群、生物屏障、生物夺氧、免疫刺激、产生抑菌物质和营养作用等。

1. 优势种群

动物肠道是个厌氧的环境，优势种群一般都是厌氧菌，而病原菌及其他有害菌几乎都是需氧菌和兼性厌氧菌。通过额外补充肠道内的益生菌，能让肠道中的优势菌群占主导地位，从而为肠道的健康保驾护航。

2. 生物屏障

动物机体的肠道是一个有层生物屏障的生态平衡系统，而肠道的健康正是因这些生物屏障的存在才得以维持平衡，健康运转。目前主要的生物屏障包括：肠黏膜屏障和上皮细胞因子屏障，包括促进黏液层形成，竞争黏附肠道上皮细胞，分泌抗菌因子抑制肠道致病菌，增进紧密连接形成，增强机体免疫力和抗氧化作用等。

3. 生物夺氧

复合微生态制剂可以选择的菌群来源非常广泛。枯草芽孢杆菌、地衣芽孢杆菌等能够有效黏附动物机体肠道并定植，同时消耗肠道中的氧气，构成厌氧环境。而动物机体肠道中的嗜酸乳杆菌和粪肠球菌均是厌氧型益生菌，肠道中厌氧环境有益于在肠道中定植的厌氧型益生菌的生长及增殖，为维持动物机体健康肠道微生态平衡提供良好条件。

4. 免疫刺激

益生菌可以作为非特异性免疫调节因子，通过免疫途径对机体起作用，主要方式为免疫刺激和免疫调节，益生菌是良好的免疫系统激活剂，它在结合细胞表面黏附位点之后正常地定植和繁殖，形成一层生物膜，通过自身或细胞壁的成分刺激宿主细胞，激发免疫活性产生干扰素，增加免疫球蛋白的含量，提高巨噬细胞的吞噬能力，使宿主获得非特异性的免疫力或者天然的免疫能力。

5. 产生抑菌物质

益生菌可防止氨、胺、硫化氢、细菌毒素等肠毒素与肠黏膜上的受体结合，与有害菌竞争肠黏膜上的结合位点，减少肠毒素对肠道黏膜的危害，通过中和肠毒素和大量增殖来维持或调控肠道微生物菌群的平衡，缓解粪便的恶臭味，改善养殖环境。微生物饲料添加剂中的芽孢杆菌、乳酸菌等可以抑制腐败菌的黏附和增殖，抑制肠道内有害物质的产生，减轻对动物消化道内壁的刺激作用，从而降低血液中的毒素，防止对肝脏造成危害，中和肠毒素以保证机体正常生理状态。芽孢杆菌在生长代谢过程中能够产生多肽类等抑菌物质，以拮抗病原微生物。双歧杆菌可以抑制肠杆菌科和梭形芽孢杆菌等革兰氏阴性菌的过度生长，从而减少肠毒素的释放量，降低由此所引发的败血症等风险。乳酸杆菌通过产生过氧化氢、有机酸等物质的联合作用，来抑制肠道病原菌的定植，降低机体内脲酶的活性，从而减少蛋白质转化成胺、氨，提高蛋白质利用率，减少氨的排放。

6. 营养作用

微生物可以利用碳水化合物，将其转化为挥发性脂肪酸如乙酸、丙酸、丁酸等供动物吸收利用，代谢所产生的短链脂肪酸不仅具有调节肠道菌群平衡的能力，可以调节体液和电解质的平衡，还能为动物提供能量及给肠道上皮细胞提供营养，同时还能改善机体对钙、镁、铁等金属离子的代谢和吸收。分解过程中产生的甲酸、乙酸、丁酸、乳酸和琥珀酸等对维持肠道功能完整性起着重要的作用。另外，动物肠道内微生物均可以合成多种丰富的维生素 K 和 B 族维生素。

5.4.3.4　有益微生物的体外安全性评价

1. 溶血性

菌株是否有溶血性是筛选益生菌的先决条件。目前溶血性的评价方法大部分是通过血平板培养，若菌落周围的培养基出现草绿色环，则为 α-溶血；若菌落周围形成界限分明、完全透明的溶血环，则为 β-溶血；若菌落周围的培养基没有变化，即不溶血，为 γ-溶血。

2. 毒力因子检测

肠球菌是一种重要的临床感染菌，因其复杂的耐药机制及携带众多毒力因子。目前已发现肠球菌毒力因子有 20 多种。毒力因子的检测主要通过检测参与毒力因子形成的相关毒力基因，其中 IS16、esp 和 hyl_{efm} 是欧洲食品安全局（EFSA）在 2012 年颁布的关于屎肠球菌的安全性评价的指南文件中要求必须检测的基因。芽孢杆菌（蜡样芽孢杆菌和非蜡样芽孢杆菌）毒力因子的检测方法可以参考 EFSA

在2014年评价芽孢杆菌的产毒素能力的指南文件中提出的国际公认的芽孢杆菌的产毒素检测方法。

3. 抗生素抗性

抗生素抗性基因可能在食品和肠道环境中发生转移，因此检验益生菌是否含有抗生素抗性基因是十分必要的。目前对于菌株的抗生素抗性评价的方法和标准多种多样，一般仅仅采用定量或半定量的MIC表型试验，很少对其携带的抗性基因做进一步的评价。具体如下：①首先对待测菌株进行分子生物学鉴定至种的水平；②采用国际公认和ISO标准方法的定量MIC方法测定对氨苄青霉素、万古霉素、庆大霉素、卡那霉素、链霉素、红霉素、克林霉素、四环素、氯霉素的MIC值，其他情况还需测定对泰乐菌素、阿伯拉霉素、萘啶酸、磺胺类药物及甲氧苄嘧啶的MIC值，并与临界值进行比较，其中临界值来源于欧洲抗菌药物敏感性试验委员会(EUCAST)大量微生物菌种样本对抗生素敏感试验；③若MIC≤临界值，则被认为是安全的，可以被使用；若MIC>临界值，则需要对其抗性进行遗传学的分析，判断是固有抗性还是获得性抗性，若属于固有抗性则可以被使用，若是获得抗性，还需要检测抗性是通过基因突变还是获得外源抗性基因来实现的，若是基因突变则一般可以被使用，若是获得外源抗性基因则不能被使用。以上评价方法不适用于屎肠球菌对氨苄青霉素的MIC>2的情况，因为MIC>2的屎肠球菌是和医院感染有关的类群，被认为不安全；关于屎肠球菌对氨苄青霉素的MIC≤2的进一步评价，建议参考EFSA在2012年制定的用于动物营养的屎肠球菌安全性评价的指南性文件。

4. 产生有毒代谢物

益生菌的安全性研究还需要对其毒性代谢产物的产生予以重视，主要指菌株产生的生物胺。生物胺是由氨基酸经微生物脱羧作用产生的一类低分子碱性有机化合物。低剂量的生物胺对机体有重要的生理作用，但过量摄入则有毒副作用。生物胺的检测方法有：①表型检测又可分为固体培养基检测法和液体培养检测法，其中液体培养检测法的结果通过HPLC定量测定培养结束后产生的生物胺或通过观察培养基的颜色变化判定；②基因检测采用多重PCR的方法检测与生物胺产生有关的基因。

5.4.3.5 有益微生物的体外有效性评价

益生菌体外有效性评价指标主要包括耐酸性能、耐胆盐性能、耐人工胃肠液、胃肠黏膜黏附性、抑菌活性等。

1. 耐酸性能

胃液的pH在0.5～1.5，能够抑制大部分进入消化道的微生物。益生菌要在机体内发挥作用必须能够耐受胃液的酸性环境。目前关于菌株耐酸性能试验国内外尚无统一的标准，一般选择 pH 范围为 1.0～5.0。鸡、猪的胃环境 pH 略高于人胃环境，评价饲用益生菌，建议根据不同品种的动物选用不同 pH 的模拟胃液。

2. 耐胆盐性能

小肠的胆汁盐浓度平均在 0.3%，益生菌对胆汁盐的耐受性取决于胆汁盐的类型且具有菌株特异性。目前关于菌株耐胆盐性能试验，国内外尚无统一的标准，一般选择胆盐浓度的范围为 0.1%～1%。

3. 耐人工胃肠液

胃液中的胃蛋白酶和小肠液中的胰酶是益生菌通过消化道的一道屏障，采用模拟胃液和肠液能更好地模拟胃肠道环境，对评价益生菌的有效性是必需的。目前关于试验用胃肠液的制备方法各不相同，常用的是《中华人民共和国药典》中的方法配制人工胃液和小肠液。

4. 胃肠黏膜黏附性

黏附试验选择的细胞有 HeLa、HT-29、Caco-2、鸡小肠上皮细胞和猪小肠上皮细胞，其中选择最多的是 Caco-2 细胞。

5. 抑菌活性

人和动物的肠道中存在着各种各样的病原菌，益生菌对胃肠道固有病原菌的抑菌特性是一重要评价指标，因此，FAO/WHO 在 2002 年制定的食品益生菌评价指南中提出益生菌代谢产物要有有效的抑菌活性。用于测定益生菌抑菌活性的病原指示菌有铜绿假单胞菌、大肠杆菌、金黄色葡萄球菌、肺炎克雷伯菌、沙门菌、志贺菌及白色念珠菌等。目前检测方法主要包括牛津杯法、琼脂扩散法、点种法、挖块法和滤纸片法。

5.4.3.6　有益微生物的体内安全性和有效性评价

体内安全性评价可以从菌株的毒理学、易位可能性及对重病或免疫功能不健全宿主的影响等多方面进行评价。体内有效性评价可以从菌株在胃肠道黏膜的黏附、抑菌活性、抗病毒活性等多方面进行评价来证实菌株的益生功效。在益生菌研究中通常使用的动物模型是小鼠和大鼠，主要涉及机体水平的病态学分析、急性和亚慢性毒性分析、产肠毒素和呕吐毒素的分析（主要是芽孢杆菌）、细菌易位和遗传毒性分析等。益生菌的安全性评价没有明确的标准，急性口服毒性试验是评价益生菌最基本的试验。此外，细菌易位也是被推荐使用的指标。动物的食欲、活跃状态、粪便稠度、生长性能或生产性能等也是饲用益生菌安全性评价的常用指标；同时还要结合组织病理学研究，如黏膜的完整性、黏膜肠上皮细胞的方向和排列方式等来评价待测菌株是否是潜在病原菌，因为宿主肠道黏膜的完整性对宿主发挥免疫作用是必需的，若待测菌株能破坏宿主的这道免疫屏障，那么该菌很可能是潜在病原菌。益生菌的体内有效性评价主要涉及机体和脏器水平的变化、血液病理学和生化指标的检测、耐酸和耐胆盐验证、抑菌模型的建立、黏附、定植和免疫调节等。益生菌的体内有效性评价是建立在体外有效性评价基础上的,若菌株通过体外有效性评价具有耐酸、耐胆盐、抑菌活性、黏附和抗病毒活性等,那么该菌株需要进一步通过肠道菌群分析、粪便菌群分析、抑菌模型和抗病毒模型等进行体内有效性评价试验和验证,因为无论菌株体外的功效有多好,如果在体内没有功效,也不能说明菌株具备益生特性。

5.4.3.7 微生物饲料添加剂在猪生产中的应用效果

1.仔猪

对于哺乳期仔猪,添加微生物饲料添加剂有助于建立益生菌的优势菌群。而仔猪断奶后,其胃肠道发育不完善,导致胃酸分泌量不足,胃液 pH 高,同时由饲粮更换和环境改变所造成的应激,促使断奶仔猪肠道中的病原菌大量增殖,容易导致仔猪腹泻。在仔猪日粮中添加微生物饲料添加剂,可促进仔猪肠道发育,改善肠道健康,降低腹泻率,提高仔猪生长速度和饲料转化率。断奶仔猪应激会导致肠道受损,消化道功能紊乱,饲粮中添加益生菌也可以加快其断奶后小肠黏膜结构的恢复,增加小肠绒毛高度和隐窝深度,并且使肠壁黏液层厚度降低,改善营养物质的消化吸收。

2.生长育肥猪

饲粮中单独或复合使用益生菌可以维持生长育肥猪肠道的形态完整,促进肠绒毛增长和消化酶的分泌,提高其平均日增重,改善猪肉肉色、pH、眼肌面积和大理石花纹等指标,提高生长育肥猪对干物质和氮的消化率,增加粪便中乳酸菌的数量,降低粪便的 pH,减少总硫醇和氨的排放等。肉质的嫩度和多汁性主要取决于猪肉肌间脂肪的含量,而在饲粮中添加乳酸菌可以降低猪肉 pH 以及血清中的甘油三酯含量,增加肌内脂肪含量从而改善肉质风味,而且可以通过阻止脂质氧化来改善肌肉内的氧化稳定性。

3.繁殖母猪

研究表明,在母猪日粮中使用微生物饲料添加剂,可以改善肠道健康,提高母猪免疫力和繁殖性能。添加微生物饲料添加剂以后,可提高调节胃肠道内菌群平衡的能力,增加母猪哺乳期的采食量,抑制体重下降,提高母猪乳汁内的脂肪和蛋白质含量,提高断奶仔猪存活率和断奶仔猪体重。

4.种公猪

益生菌对种公猪精液品质也有很好的改善作用,用含有 0.3 mg/kg 富硒益生菌的饲粮饲喂种公猪,能增加其精液中健康精子的数量,提高精子形态和功能的完整性以及谷胱甘肽过氧化物酶的活性。

5.4.3.8 微生物饲料添加剂存在的问题

1. 安全性问题

当正常的微生物区系被打破后，还可能导致动物正常微生物区系被扰乱、特定环境下产生有害代谢产物以及潜在致病性的问题，如乳酸菌引发的临床感染，携带并转移抗生素抗性基因，产生耐药因子的可能性；遗传修饰微生物应用的可行性问题。微生物的作用随着生存环境和动物生产阶段的改变而改变。有些微生物代谢产物可能作为抗原，刺激机体免疫变化，可能导致动物过敏或者有利于外来的病原侵入机体，引发感染性疾病。

2. 饲喂效果不稳定

活菌数的降低是影响微生物饲料添加剂饲喂效果的重要原因。乳酸菌、酵母菌等益生菌大多不耐高温和制粒中的高剪切力，这类饲料添加剂在饲料高温制粒时活菌数会受到很大影响。添加了微生物饲料添加剂的动物饲料，在保存过程中，首先益生菌在饲料中微量元素的作用下，活菌数随着保存时间延长而逐渐下降。益生菌进入胃肠道，也要经受胃液的低 pH，小肠中胆盐、消化酶的作用，活菌数进一步下降。

5.4.4 功能性寡糖

寡糖是由 2～10 个单糖通过糖苷键连接形成直链或支链的低度聚合糖，构成寡糖的单糖主要是五碳糖和六碳糖，包括葡萄糖、果糖、半乳糖、木糖、阿拉伯糖、甘露糖等。这些单糖可以以直链或分支结构形成寡糖。寡糖分普通寡糖和功能性寡糖两大类。普通寡糖包括麦芽糖、乳糖、蔗糖等。功能性寡糖主要包括果寡糖、甘露寡糖、壳寡糖、半乳寡糖、大豆寡糖、木寡糖、异麦芽寡糖等。功能性寡糖因其独特的糖苷键连接结构，在动物体的消化道前段不能被消化，转而进入消化道后段，能够被消化道后段的有益微生物分解、吸收、利用，促进有益菌的生长。此外，功能性寡糖与动物机体肠道内病原微生物结合位点有着相似的结构，能够竞争性地与病原微生物表面类丁质相结合，使之不能在动物肠壁上黏附，从而失去致病能力，因此功能性寡糖在一定程度上具有替代抗生素的作用。

5.4.4.1 功能性寡糖的种类

功能性寡糖在猪生产中的应用主要研究集中在壳寡糖、果寡糖、甘露寡糖等，对其他寡糖的研究相对较少。

1. 壳寡糖

壳寡糖是寡糖的一种，学名为寡糖 β-(1-4)-2-氨基-2-脱氧-D-葡萄糖，是氨基葡萄糖通过 2～10 个 β-1，4-糖苷键连接起来的物质，也是天然糖中唯一大量存在的碱性氨基寡糖。壳寡糖是由甲壳素经过强碱的处理，形成壳聚糖，再由壳聚糖降解而产生的具有水溶性好、功能强、生物活性高的低分子量产品。壳寡糖的生产原料甲壳素是自然界存在的第二大量天然有机化合物，广泛存在于甲壳类动物、节肢动物、植物以及微生物中。壳寡糖在哺乳动物体内不被胃酸和消化酶降解，因水溶性较强的特点，在动物体内主要是以被动扩散的方式被小肠吸收，且安全无毒。

2. 果寡糖

果寡糖又称为果聚糖、低聚果糖，分子式为 G-F-Fn（G 为葡萄糖，F 为果糖，n=13），是在蔗糖分子上以 β-1,2-糖苷键结合数个 D-果糖所形成的一组低聚糖的总称。果寡糖广泛存在于香蕉、大麦、大蒜、洋葱、黑麦、马铃薯、洋姜、小麦等植物中，但提取较为困难，且难以批量生产，商品果寡糖制剂主要是利用微生物和植物中的果糖基转移活性酶作用于蔗糖得到的。作为添加剂应用于饲料中的主要是寡果三糖、寡果四糖和寡果五糖。

3. 甘露寡糖

甘露寡糖又称为甘露低聚糖，研究较多的魔芋葡甘露寡聚糖是由分子比为1∶1.5 的葡萄糖和甘露糖残基通过 β-(1,4)糖苷键聚合而成，其侧链则是通过 β-(1,3)糖苷键连接而成。而来源于酵母菌细胞壁的葡甘露寡聚糖的主链主要以高度分支的吡喃甘露糖残基链进行排列，其主链的连接方式是 α-(1,6)糖苷键连接，侧链则主要通过 α-(1,2)及 α-(1,3)糖苷键连接。甘露寡糖广泛存在于魔芋粉、瓜儿豆胶、田菁胶及多种微生物细胞壁内。

5.4.4.2 功能性寡糖的生理作用

1. 抗氧化作用

自由基是机体产生的具有强氧化性、损害机体组织与细胞的有害化合物，它能引起疾病和机体衰老。生物体内存在的自由基有超氧阴离子自由基、羟自由基、脂类过氧化物自由基等。壳寡糖能够激活体内抗氧化酶，增强机体对自由基的清除作用。

2. 提高免疫力

饲用功能性寡糖可作为外源抗原的佐剂与一些病毒、毒素、真核细菌的表面发生结合，提高机体免疫功能。在细胞免疫方面，饲用功能性寡糖的主要作用是增强巨噬细胞的吞噬作用。在体液免疫方面，饲用功能性寡糖由于具有免疫佐剂功能，可以显著提高抗体的生成水平。研究发现，壳寡糖能够刺激机体的免疫器官，促使免疫器官生长，能够改善机体免疫细胞的活性，以及机体的特异性和非特异性免疫功能。

3. 抑菌作用

功能性寡糖如壳聚糖具有天然、广谱抗菌活性，壳寡糖为其降解产物，同样具有抗菌作用。壳聚糖经酶解产生的壳寡糖具有抑菌作用，浓度为 0.5%时可完全抑制大肠杆菌的生长。壳寡糖的抑菌作用强弱因菌种不同而有所差异，壳寡糖对致病菌的抑制作用大于非致病菌(除了乳酸菌)。壳寡糖对金黄色葡萄球菌的抑制作用最强，浓度0.5%的壳聚糖可完全抑制其生长；大肠埃希氏菌次之，需要浓度1%的壳聚糖。壳寡糖对大肠埃希氏菌和金黄色葡萄球菌的最低抑制浓度为0.3%，对副伤寒甲沙门菌、宋内志贺菌的最低抑制浓度为0.1%。

4. 调节胃肠道功能

调节动物胃肠道的菌群功能性寡糖对肠道菌群的调节主要在于增殖有益菌，尤其是双歧杆菌，抑制有害菌，以提高动物的健康水平。功能性寡糖对双歧杆菌增殖的机理在于它不只充当一种碳源或营养物质，而且还可能参与了双歧杆菌的生长调节和黏附作用。动物消化道内病原菌(如大肠杆菌、沙门菌、霍乱菌、梭状芽孢杆菌)细胞表面或绒毛上具有类丁质结构(外源凝集素)，它能识别动物肠壁细胞上的“特异糖类”受体并与之结合，在肠壁上繁殖导致肠道疾病的发生。而甘露寡糖与病原菌在肠壁上的受体具有相似的结构，它与病原菌表面的类丁质也有很强的结合力，可竞争性地与病原菌结合，使其无法附植在肠壁上，结合后的甘露寡糖不能提供病原菌生长所需的营养素，使病原菌死亡。

5. 促进生长发育

饲用功能性寡糖可以完整地通过单胃动物消化道前段而到达后肠，被微生物代谢后，提供短链脂肪酸(VFA)作为黏膜细胞增殖的能源，其中丁酸是结肠黏膜的主要能源物质，可以刺激上皮细胞的生长，肠道VFA含量升高，pH降低有利于肠黏膜保持完整的形态结构并促进黏膜细胞的增殖。添加饲用功能性寡糖可以增强动物吸收矿物质元素的能力，饲用功能性寡糖一方面通过提高消化道黏膜通透性来促进矿物质元素的吸收，另一方面寡糖可借助氢键或离子键形成具有类似于网状结构的笼形分子，从而增强对金属元素的吸附能力。

5.4.4.3　功能性寡糖在猪生产中的应用效果

1. 仔猪

在断奶仔猪的日粮中添加功能性寡糖能够提高断奶仔猪对日粮中营养物质的消化率，降低料肉比，提高断奶仔猪的抗氧化能力，改善肠道菌群结构，降低腹泻率，缓解断奶应激。袁华根等(2019)研究显示，壳寡糖是通过提高断奶仔猪肠绒毛高度和肠上皮细胞数量，来提升断奶仔猪的消化吸收能力。刘媛媛等(2019)研究表明，向断奶仔猪日粮中添加壳寡糖，仔猪血清中谷胱甘肽过氧化物酶(GSH-Px)的含量显著上升，血清中丙二醛(MDA)的含量降低，提高了断奶仔猪的抗氧化能力。刘静波等(2019)在断奶仔猪日粮中添加果寡糖可显著提高断奶仔猪平均日增重，降低料重比，同时提高还原型谷胱甘肽含量和GSH-Px活性，降低空肠黏膜中MDA含量，缓解断奶仔猪肠道氧化应激反应。

王亚军等(2000)试验表明，日粮中添加 0.20%的果寡糖能使断奶仔猪日增重和采食量分别提高 19.88%($P<0.01$)和 18.04%，料重比和腹泻率各降低 2.20%和 77.88%。张彩云等(2003)在早期断奶仔猪日粮中添加 0.12%的半乳甘露寡糖可明显提高平均日采食量和平均日增质量($P<0.05$)，并可降低腹泻发生的次数。邹永平等(2003)添加 0.1%的功能性寡糖可使仔猪日增重提高 7.10%，料重比降低 5.80%，腹泻率降低 35.90%。Davis 等(2004)在断奶仔猪基础日粮中添加 0.25%的甘露寡糖，结果发现，平均日增重提高 46.73%，同时料重比降低 38.1%，仔猪生长性能得到显著改善。Zhao 等(2011)试验表明，甘露寡糖显著提高了仔猪的日增重和干物质消化率，降低了腹泻率($P<0.05$)。周红丽等(2002)指出，在饲料中添加甘露寡糖，试验组血清中免疫球蛋白 G 的含量增加，与对照组相比差异显著。李梅等(2010)研究不同种类寡糖对仔猪免疫力和生产性能的影响，结果表明，添加 7.50 g/kg 的异麦芽寡糖或果寡糖能显著提高 30 日龄仔猪的细胞免疫功能，前者还能显著提高体液免疫功能；添加 7.50 g/kg 的甘露寡糖能显著提高 60 日龄仔猪的细胞免疫和体液免疫功能，对仔猪生产性能的促进效果最好，且腹泻率最低。Zheng 等(2011)研究表明，大豆寡糖显著提高了仔猪血浆免疫球蛋白 G 和白介素-2 含量，增强了仔猪的免疫功能。尹小平等(2003)研究认为，饲料中添加 0.10%的甘露寡糖显著抑制了断奶仔猪结肠、盲肠和直肠中大肠杆菌的增殖，并且指出 0.10%的添加量效果较佳。侯振平等(2008)试验表明不同质量浓度的半乳甘露寡糖抑制回肠中大肠杆菌和金黄色葡萄球菌等有害菌，但却增加了有益菌的数量。

2. 生长育肥猪

功能性寡糖能够提高生长育肥猪饲料中养分的消化率，增加日增重，降低料肉比，改善猪肉品质和风味。胡彩虹等(2001)在肥育猪日粮中分别添加 0.50%和 0.75%的果寡糖使日增重分别提高 9.67%和 10.67%，使料重比分别降低 8.19%和 7.60%，还增加了结肠中双歧杆菌和乳酸杆菌的数量，并且降低了结肠中大肠杆菌和梭菌的数量。许梓荣等(2002)试验证明，果寡糖可能通过改变结肠微生物的发酵而抑制胆固醇的吸收和合成，以及增加粪便中的胆固醇和胆汁酸的排出，从而改善肥育猪胆固醇的代谢。王彬等(2006)试验报道，与添加 50 mg/kg 的金霉素相比，育肥期基础日粮添加 0.10% 的半乳甘露寡糖可以显著提高血清生长激素的水平而促进育肥猪的生长；大幅度降低血清神经肽 Y 的水平而减少育肥猪的采食量；提高血清白细胞介素-2 水平而增强机体的免疫力。于明等(2008)研究表明，在肥育猪日粮中添加果寡糖可显著改善其生长性能，并提高饲料蛋白质和脂肪的消化率。谭聪灵等(2010)研究表明，饲粮中添加果寡糖可以提高生长猪的生长性能和饲料转化率，提高饲粮粗蛋白质和粗脂肪的表观消化率，还可提高猪血清免疫球蛋白A和免疫球蛋白G的水平，进而增强动物机体免疫功能，且以添加量为0.30%时效果最佳。Wang等(2009)试验发现，壳寡糖能降低育肥猪大肠杆菌的排放量，但不影响乳酸杆菌的数量。谢菲等(2018)研究发现，在生长育肥猪日粮中添加0.03%的低聚木糖能够显著提高饲料养分表观消化率，对育肥猪胴体长和肉色具有改善作用。同时，杜建等(2018)在生长育肥猪日粮中添加100 mg/kg的β-葡聚糖能够显著提高生长育肥猪平均日增重，降低料重比，提高饲粮中干物质、粗蛋白质和能量的消化率，对育肥猪的胴体长、肌肉pH、肌苷酸含量也有显著提高作用，显著降低育肥猪肌肉滴水损失，改善猪肉中饱和脂肪酸与单不饱和脂肪酸的组成比例，改善猪肉品质，提升猪肉风味。

3. 繁殖母猪

王彬等(2006)研究表明，添加半乳甘露寡糖可以显著提高母猪的泌乳量和降低料乳比，对内分泌机能也有一定的调节作用。陈立祥等(2007)发现，添加0.15%的甘露寡糖能显著提高乳中白介素-6、皮质醇和生长激素含量，还增加了母猪泌乳量和乳蛋白含量。李梦云等(2015)在初产母猪日粮中添加果寡糖，对母猪妊娠后期和哺乳期的采食量有显著提高作用，增加了母猪对日粮中粗蛋白质和粗脂肪的表观消化率，提高了母猪血液中的IgG、IgA含量，提升了母猪的免疫功能，同时提高了母猪血清中总蛋白、白蛋白、球蛋白的含量，母猪粪便中乙酸、丙酸以及丁酸的含量增加，降低了粪便pH，减少了粪便中大肠杆菌的数量，对妊娠后仔猪断奶重、平均日增重和健仔率有显著提高作用，但对总产仔数、初生窝重无显著影响。在妊娠母猪产前7 d至断奶(25日龄)阶段的日粮中添加100～200 g/t的壳寡糖，对仔猪活仔数、断奶成活率、仔猪转出率均有提高作用，同时增加了母猪对日粮中蛋白质、能量、脂肪等营养物质消化利用率(边佳伟等，2019)。谷雪玲等(2019)发现，功能性寡糖可以通过调节母猪肠道菌群结构，提高母猪的抗氧化能力以及免疫能力，从而改善母猪胰岛素抵抗作用，促进母猪对葡萄糖的摄取和利用，增加母猪采食量。

思考题

1. 简述生物饲料的定义及分类。
2. 发酵饲料以及微生物饲料添加剂中能使用的微生物有哪些？
3. 简述酶解饲料的定义及存在的问题。
4. 简述酸化剂的作用机理。

中 兽 药

【本章提要】中兽药已在我国有千年的传承历史，在中兽医临床中被广泛使用且取得了较好的治疗效果。中草药作为中华民族的瑰宝，有着取材广泛、性质稳定、成分完整、毒副作用小等优势，根据生猪生理不同的养殖阶段和药物的药性特点有针对性地在饲料中进行添加，可以起到杀菌抑菌，同时兼具促生长、提高饲料转化率、抗病毒、增强免疫力、抗应激等作用，是饲用抗生素的替代品之一。

6.1 中草药

中草药主要由植物药、动物药和矿物药组成。其中，植物药包括全草类、叶类、花类、根类、果实和种子类、树皮和树根类、树脂类。动物药可人工驯化养殖也可用人工替代品。矿物药的收集可在地质勘探、采矿时进行。另外，中药也称中草药，原因是植物药占中药的大多数。经过数千年医疗实践证明有效并已形成完整理论体系的中兽医药科学，自古以来就与中华大地的动物养殖、食品安全、人口健康和社会安定息息相关。随着人们对生物安全、食品安全的重视，国家也出台了相关政策促进中兽药的产业发展。我国中兽药目前主要有粉剂、散剂、预混剂、口服液、消毒剂等几种常见剂型，技术含量比较高的透皮制剂、控释制剂、注射剂等少有，有的还停留在实验阶段。2000 年版的《中华人民共和国兽药典》共载入 183 个中成药方制剂，其中散剂 147 个，约占总数的 80%。而在 2015 年版的《中华人民共和国兽药典》二部即中兽药典中新增中药材和成方制剂共 9 种，修订了中药材及饮片、成方制剂、提取物 415 种，新增附录 15 项、修订 49 项；增订了质谱法、二氧化硫残留量测定法等检测方法；增订“兽药引湿性试验指导原则”“兽用中药中铝、铬、铁、钡元素测定指导原则”等相关指导原则；完善中药显微鉴别法、薄层色谱法、特征图谱和指纹图谱、一测多评法及对照提取物专用检测手段和方法；加强对现代分析技术的应用，如质谱法、二氧化硫残留量测定法、动物源性原材料的要求、聚合酶链式反应(PCR)扩增、DNA鉴定等；加强兽药安全性检查，如制定部分药材二氧化硫、有害元素的残留量检查，增加对黄曲霉及16种农药的检查。

6.1.1　中草药的种类

中草药的分类方法有很多，如中国第一部本草学专著《神农本草经》首先采用了中药分类法。书中365种药分为上、中、下三品，上品补虚养命，中品补虚治病，下品功专祛病。梁代陶弘景的《本草经集注》首先采用了自然属性分类法，将730种药物分为玉石、草木、虫兽、果、菜、米食、有名未用七类，每类中再分上、中、下三品。明代李时珍的《本草纲目》，按自然属性分类法将1 892种药物分为水、火、土、金石、草、谷、菜、果、介、木、服器、虫、鳞、禽、兽、人16部(纲)，60类(目)。而现代中兽医学中均是按功能分类，主要有解表药、清热药、泻下药、消导药、化痰止咳平喘药、理气药、温里药、祛风湿药、安神开窍药、平肝明目药、补益药、固涩药、驱虫药、外用药、理血药等(表6-1)。

表6-1　常见中草药的种类

种类	概念	常见中药
解表药	凡能促使发汗、祛邪外出、解除表证的药物，分为辛温解表药和辛凉解表药	辛温解表药：荆芥、紫苏、细辛、麻黄、桂枝、防风等 辛凉解表药：升麻、葛根、桑叶、薄荷、牛蒡子、柴胡等
清热药	凡是以清解里热为主要功效，用于治疗里热证的药物	清热泻火药：石膏、知母、栀子、芦根等 清热凉血药：生地、牡丹皮、白头翁、玄参、地骨皮等 清热燥湿药：黄芩、黄连、黄柏、秦皮、苦参等 清热解毒药：金银花、连翘、紫花地丁、蒲公英等
泻下药	凡是能引起腹泻，或润滑大肠，或攻逐水邪的药物，分为攻下药、润下药以及峻下逐水药	攻下药：大黄、芒硝、番泻叶等 润下药：火麻仁、郁李仁、食用油、蜂蜜等 峻下逐水药：商陆、甘遂、牵牛子、千金子、芫花等
消导药	凡是能帮助消化、促进食欲、导行积滞的药物	山楂、麦芽、神曲、鸡内金、莱菔子等
化痰止咳平喘药	凡能消除痰涎的药物称化痰药；制止或减轻咳嗽的药物称止咳药；能够缓解气喘的药物，称平喘药。一般分为温化寒痰药、消化热痰药、止咳平喘药等	温化寒痰药：半夏、天南星、旋覆花、白前等 消化热痰药：贝母、瓜蒌、桔梗、天花粉、前胡等 止咳平喘药：杏仁、款冬花、百部、枇杷叶、紫菀、白果等

续表 6-1

种类	概念	常见中药
理血药	能调理和治疗血分病证的药物	活血祛瘀药：川芎、丹参、桃仁、红花、益母草、王不留行、赤芍、乳香、没药等 止血药：三七、白及、小蓟、地榆、槐花、茜草等
温里药	以温里祛寒为主要功效，主要用于治疗里寒病证的药物	附子、干姜、肉桂、小茴香、川芎、吴茱萸、艾叶、丁香、胡椒、花椒等
祛风湿药	凡能祛风除湿、治疗风湿痹证的药物	利湿药：羌活、独活、秦艽、威灵仙、木瓜、五加皮、防己等 利水药：茯苓、猪苓、茵陈、泽泻、车前子、金钱草等 化湿药：藿香、苍术、佩兰、白豆蔻、草豆蔻等
安神开窍药	凡以镇静、宁神、除狂、定惊等为主要功效的药物称安神药；凡具有通关开窍、启闭祛邪、醒神、回苏作用的药物称开窍药	安神药：朱砂、远志等 开窍药：石菖蒲、冰片等
平肝明目药	凡有疏热肝、息肝风、经热邪、明目退翳的药物	平肝明目药：石决明、决明子、木贼、谷精草、夜明砂等 平肝息风药：天麻、钩藤、全蝎、蜈蚣、僵蚕等
补益药	凡能调补家畜气血阴阳，改善虚弱状态，提高抗病能力，从而防止各种虚证的药物。根据其作用可以分为补气药、补血药、补阴药、补阳药	补气药：党参、黄芪、甘草、山药、白术等 补血药：当归、白芍、熟地黄、阿胶等 补阳药：肉苁蓉、淫羊藿、杜仲、巴戟天、补骨脂等 补阴药：沙参、麦冬、百合、枸杞子、天冬、石斛、女贞子等
固涩药	凡是以收敛固涩为其主要功能，用以治疗各种滑脱证候的药物	涩肠止泻药：乌梅、诃子、肉豆蔻、石榴皮、五倍子等 敛汗涩精药：龙骨、浮小麦、五味子、牡蛎、金樱子等
驱虫药	凡是驱除和杀灭家畜体内外寄生虫的药物	使君子、大蒜、贯众、蛇床子等
外用药	通过涂敷、喷洗形式治疗动物外科疾病的药物	花椒、冰片、硫黄、硼砂、轻粉、食盐、雄黄、木鳖子、石灰、白矾、斑蝥等
理气药	以疏畅气机、消除气滞为主要功效，治疗气滞或者气逆症的药物	乌药、陈皮、青皮、香附、厚朴、枳实、木香、砂仁、草果、槟榔等

6.1.2 中草药的特点

中草药是我国特有的中医理论与实践的产物，其来源广泛，种类繁多，含有多种营养成分，不仅能够提高动物的生产性能，而且还能够增强动物的免疫功能，防治疾病。

1. 绿色天然

中草药主要来源于动植物和一些矿物质等，所含成分的生物活性和化学结构稳定，保持了各种成分结构的自然状态。即便需要加工炮制，也不会破坏其自然性，而且使用后的废弃物不会污染环境，并且能够回归自然，继续参与生态平衡，保持了纯净的天然性。这一特点也为中草药添加剂的来源广泛性、经济简便性和安全可靠性奠定了基础。

2. 功能众多

中草药有效成分可达几十种，最高可达几百种，每种成分都有不同的作用。研究发现，中草药的功能主要包括营养作用、免疫增强作用、激素样作用、抗应激作用、抗菌抑菌作用等。

3. 无耐药性

中草药的毒副作用小，而且没有明显的耐药性问题，因为中草药主要是以提高机体自身免疫功能来抵抗细菌和病毒，只有少数抗菌成分直接作用于细菌本体。这是中草药特有的优势。

4. 环保经济

中草药大多数为野生，其资源丰富，来源广泛，成本低廉。中草药饲料添加剂的制备和工艺比较简单，生产加工不会造成环境污染，而且一些中草药无须加工，其本身就是天然有机物，各种生物活性和化学结构稳定。

5. 毒副作用低

中草药本身所含的物质毒性非常低，对动物机体的影响非常小。在经过炮制和配伍之后，毒副作用同时可以降到最低，且易被动物机体消化吸收。

6. 来源广泛

我国中草药资源丰富，中草药源有陆地植物 12 807 种、海洋植物 20 000 多种、动物 18 000 多种。目前在畜牧生产中使用的陆地中草药有 1 000 多种，常用的有 200 多种，海洋动植物已被研究应用的有 1 500 多种。

6.1.3　中草药的有效成分及作用

中草药的有效成分主要有生物碱、糖类、苷类、挥发油、鞣质、氨基酸、蛋白质、酶类、色素等，其有效成分不同决定了其作用也不同。

6.1.3.1　生物碱

生物碱是一类存在于生物体中含氮(N)的碱性天然有机物。它具有多种多样的生理活性，在应用于中草药饲料添加剂中也发挥越来越大的作用。如石榴皮所含的石榴碱、异石榴碱及假石榴碱，皆有驱除绦虫的作用。槟榔碱是槟榔的有效驱虫成分，对猪肉绦虫有较强的麻痹作用，30%的槟榔煎剂 40 min 可使短小绦虫僵直乃至死亡。生物碱具有 M 受体的作用，食用槟榔可使胃肠平滑肌张力升高，增加肠蠕动，使消化液分泌旺盛，食欲增加，其所发挥的作用与其所含的生物碱密切相关。

6.1.3.2　多糖

多糖是自然界中分子结构复杂庞大的糖类物质，具有多方面的生物活性，是一类免疫增强剂，能增强机体的免疫能力，提高抗病能力。黄芪多糖可显著增强免疫功能，增加小鼠脾脏、肝脏 RNA 与 DNA 以及蛋白质含量。党参多糖的抗胃黏膜损伤作用与增强黏膜的细胞保护作用，增强胃黏膜屏障功能有关。

6.1.3.3　苷类

凡水解后能生成糖和非糖化合物的物质都称为苷，是中草药中分布非常广泛的一大类结构复杂的有机化合物，其生物活性仅次于生物碱，是中草药中一类重要成分。皂苷是由皂苷元和糖、糖醛酸所组成的一类复杂的苷类化合物，它的水溶液易引起肥皂样泡沫，因此称为皂苷。近年来，随着各种分离技术的显著提高及波谱分析的应用，加速了皂苷的药理学研究。人参皂苷是人参中主要有效成分，有明显的促进血清、肝脏、骨髓等的 RNA、DNA、蛋白质、糖等的生物合成以及增强机体免疫功能的作用；黄芪中的三萜皂苷，能促 DNA 合成，加速肝脏分化增殖，对免疫功能有明显的促进作用；甘草皂苷具有促肾上腺皮质激素样作用，且总皂苷有良好的清除氧自由基的作用。因此含皂苷类的一些药物可以作为添加剂中的免疫增强剂。

6.1.3.4　挥发油

挥发油是从中草药的水蒸气蒸馏所得的与水不相混的挥发状液体的总称，大多数挥发油具有芳香气味，如大蒜、薄荷、当归、桂皮等。这类物质化学成分比较复杂，主要是硫化物、萜类及芳香族化合物。多数挥发油对黏膜有刺激作用，能促进血液循环，具有理气止痛、抗菌消炎、芳香健胃等多种药理功能。如厚朴中含有 33 种成分，其不同制剂的抗病原微生物的作用都很明显，其煎剂(1∶1)稀释至 1/640 时，抑菌作用仍强于金霉素，且煎剂的抗菌作用不因加热而被破坏；大蒜素可激活单核细胞的分泌水平，促使溶菌酶大量释放，溶菌酶能水解细菌细胞壁中的黏多糖，致使致病菌细胞破裂死亡，增强非特异性免疫功能。

6.1.3.5　鞣质

鞣质也称单宁，是多元酚基和羧基的一类水溶性化合物。其种类繁多，结构复杂，能与蛋白质形成沉淀，使蛋白质变性，故对细菌有抑制作用。如大黄含有大量的鞣质，对胃肠运动有抑制作用，可减弱泄下作用。石榴皮煎剂的抗菌作用机制与其含有多量的鞣质有关，五倍子含有 60%～70%的鞣质，用其煎剂对绿脓杆菌、大肠杆菌、霍乱杆菌、白喉杆菌等均有抑制作用，其抑制作用不是鞣酸的酸性而是对蛋白质的凝固作用。

6.1.3.6　氨基酸、蛋白质和酶类

氨基酸和蛋白质是具有营养性的物质，酶类可把动物体内的蛋白质、碳水化合物、脂肪降解成可被动物体利用的有营养价值的单体。如使君子氨基酸是驱虫的有效成分，富含酶类的中草药谷芽、神曲等在添加剂中经常使用。

6.1.3.7　色素

色素分为脂溶性色素和水溶性色素，广泛存在于中草药中。胡萝卜素、叶黄素等常用作着色剂。

6.1.4　中草药的配伍原则

6.1.4.1　中草药配伍关系

中草药在进行配伍的时候，相互之间必然产生一定的作用。因此《神农本草经》将各种药物的配伍关系归纳为如下 6 种。

1. 相使

相使即在性能功效方面有某些共性，或性能功效虽然不相同，但是治疗目的一致的药物配合应用，而以一种药为主，加一种药为辅，能提高主药疗效。如补气利水的黄芪与利水健脾的茯苓配合时，茯苓能提高黄芪补气利水的治疗效果；黄连配木香治湿热泻痢、腹痛里急，以黄连清热燥湿、解毒止痢为主，木香调中宣滞、行气止痛，可增强黄连治疗湿热泻痢的效果；雷丸驱虫，配伍泻下通便的大黄，可增强雷丸的驱虫效果。

2. 相须

相须即配合使用性能功效相似的药物可增强原药的药效。如石膏与知母配合，能明显增强清热泻火的治疗效果；大黄与芒硝配合，能明显增强攻下泻热的治疗效果；全蝎、蜈蚣同用，能明显增强止痉定搐的作用；麻黄配桂枝能增强发汗解表的功效。

3. 相杀

相杀即一种药物能够减轻或消除另一种药物的毒副作用。如麝香能够消除杏仁的毒性；绿豆能够消除巴豆的毒性等；生姜能减轻或消除生半夏和生南星的毒性或副作用，所以说生姜杀生半夏和生南星的毒。由此可知，相畏、相杀实际上是同一配伍关系的两种提法，是药物间相互对待而言的。

4. 相畏

相畏即利用另一种药物减轻或消除该种药物的毒副作用。如生半夏和生南星的毒性能被生姜减轻或消除，所以说生半夏和生南星畏生姜。

5. 相恶

相恶即两种药物合用时，会降低其中一种药物的功效，甚至使其失去药效。如人参恶莱菔子，因莱菔子能削弱人参的补气作用。相恶，只是两药的某方面或某几方面的功效减弱或丧失，并非两药的各种功效全部相恶。如生姜恶黄芩，只是生姜的温肺、温胃功效与黄芩的清肺、清胃功效互相牵制而疗效降低，但生姜还能和中开胃、治不欲饮食并喜呕之证，黄芩尚可清泄少阳以除热邪，在这些方面，两药并不一定相恶。

6. 相反

相反即两种药物混合使用会产生毒副作用，属于药物的配伍禁忌。如“十八反”和“十九畏”中的药物。

上述 6 个方面，其变化关系可以概括为 4 项，即在配伍应用的情况下：①有些药物因产生协同作用而增进疗效，是临床用药时要充分利用的；②有些药物可能互相拮抗而抵消，削弱原有功效，用药时应加以注意；③有些药物则由于相互作用，能减轻或消除原有的毒性或副作用，在选用毒性药或烈性药时必须考虑；④一些药物因相互作用而产生或增强毒副作用，属于配伍禁忌，原则上应避免配用。

6.1.4.2 中草药的配伍禁忌

配伍禁忌，即一些药物混合使用会产生毒副作用或破坏药效。

1. 十八反

十八反即相反的十八种药物。藜芦反人参、沙参、苦参、玄参、丹参、细辛、芍药；甘草反芫花、大戟、海藻、甘遂；乌头反白及、半夏、白蔹、瓜蒌、贝母。

2. 十九畏

十九畏即相畏的十九种药物。人参畏五灵脂，官桂畏赤石脂，巴豆畏牵牛，牙硝畏京三棱，水银畏砒霜，狼毒畏密陀僧，硫黄畏朴硝，丁香畏郁金，川乌和草乌畏犀角等。

6.1.5 中草药的作用机理

6.1.5.1 理气消食、助脾健胃

中草药具有调理、疏通气机、消食健胃、健脾养胃等作用。常用的性味药有陈皮、木香、神曲、麦芽、山楂等，这类中草药既具有芳香气味，能矫正饲料的气味，增加动物消化液的分泌，促进动物采食和营养物质的消化吸收，又对慢性、急性胃肠炎、胃肠弛缓等消化道疾病有良好的防治作用。

6.1.5.2 活血散瘀、旺盛血循

活血散瘀、旺盛血循即具有能舒筋活络、松皮活血、旺盛血液循环，促进新陈代

谢等作用的性味药。常用的有当归、五加皮、红花等，这类药物直接或间接地扩张血管，引起血液循环旺盛，增强胃肠功能，加速营养物质的消化吸收。

6.1.5.3 补气壮阳、养血滋阴

补气壮阳、养血滋阴即具有补虚扶正、调节阴阳之不足，增强机体抗病能力等作用。常用的性味药有党参、黄芪、当归、何首乌等，此类药主要以补气养血为主。

6.1.5.4 清热解毒、杀菌抗菌

清热解毒、杀菌抗菌即具有清解里热，解毒消肿，消疽散结，抑制或杀灭细菌等作用的性味药，常用的有金银花、柴胡、苦参、贯众等。驱虫除积即能杀死或驱除畜体内的寄生虫、润通利便等性味的药物，常用的有贯众、百部使君等。安神定惊、开窍行气即能镇静安神、宣通开窍等作用的性味药，常用的有柏仁、合欢皮、酸枣仁等。

6.1.6 中草药在猪生产中的应用效果

6.1.6.1 仔猪

中草药在仔猪生产中的应用很普遍。侯生珍等将黄芪、苍术、白术、麦芽、神曲、砂仁、山楂、厚朴等中草药干燥粉碎后添加到断奶仔猪日粮中，可以替代抗生素明显降低早期断奶仔猪腹泻的发病率，减少早期断奶应激，提高日增重，促进断奶仔猪的生长发育。孙玉华将党参、黄芪、茯苓、白术、黄连、厚朴、黄芩等10味中草药经干燥粉碎后混合添加到仔猪日粮中，可以提高断奶仔猪平均日增重，减少腹泻率，提高经济效益。王勇生等将马齿苋、黄芪等中草药复方制剂添加到仔猪日粮中，可提高仔猪生长性能，降低病死率。胡健等将麦冬、银杏叶、马鞭草、艾叶、鱼腥草、甘草等经低温超微粉碎后，用喷雾干燥法得到的粉末状中草药复方制剂添加到仔猪日粮中，可提高仔猪的日增重、饲料转化率、免疫能力和抗氧化能力，同时减少仔猪腹泻，建议日粮中添加量为0.3%～0.5%时效果显著。王婧等将杜仲、紫苏、黄芪、山楂、党参等中草药复方制剂添加到仔猪日粮中，添加剂量1.0%和1.5%的中草药复方制剂在提高仔猪生产性能方面能达到或接近硫酸黏杆菌素的添加效果，在提高仔猪免疫功能方面的影响甚至优于抗生素，显示出良好的抗生素替代效果。林秋敏等将黄芪、马齿苋、党参、淫羊藿、白术、麦芽、神曲、当归、甘草、山楂中草药复方制剂经超微粉碎处理后添加到仔猪日粮中，该中草药复方制剂可以增强仔猪免疫功能，提升猪瘟抗体水平，且增强及提升的程度与添加剂量有关。王京仁等将白头翁、甘草、龙胆、黄芪、柏子仁、陈皮、大蒜素、白术和松针中草药复方制剂添加到仔猪日粮中，不同添加剂量的中草药复方制剂不仅能明显提高仔猪采食量、增重和饲料转化率，也能明显提高仔猪体内血清总蛋白、白蛋白和球蛋白的浓度。

曹授俊等将山楂、麦芽、党参、神曲、茯苓、白术、黄芪和扁豆烘干粉碎后，组成中草药复方制剂添加到仔猪日粮中，能提高仔猪平均日增重、平均日采食量和降低料重比，不同浓度的中草药复方制剂添加剂量能提高血液中红细胞、白细胞和血红蛋白含量。利用中草药复方制剂可以提高仔猪的日增重、饲料转化率和机体的免疫力。发酵中草药复方制剂在纯中草药复方制剂的基础上，通过发酵以及利用发酵过程中有益菌群的作用从而提高中草药的药效。邹志恒等将党参、黄芪、白术、茯苓、山楂等中草药烘干后进行超微粉碎混合，利用乳酸菌、酵母菌、芽孢杆菌等发酵添加到仔猪日粮中，可提高断奶仔猪生产性能，提高血清总蛋白、白蛋白和球蛋白含量，增强机体免疫功能。

6.1.6.2 育肥猪

张海棠等将黄芪、白术、黄芩、山楂、杜仲、砂仁、神曲等中草药复方制剂添加到育肥猪日粮中进行替代金霉素、黄霉素试验，试验结果表明，添加 0.2%的中草药复方制剂替代金霉素、黄霉素能促进育肥猪的生长，增强其免疫功能。夏继桥等将黄荆子、苍术、何首乌、陈皮、贯众、山药、茴香、石菖蒲、桂皮、焦山楂、焦神曲 11 味中草药复方制剂干燥粉碎后替代土霉素、金霉素添加到育肥猪日粮中，试验结果表明，添加上述中草药在促进猪只生产性能方面功效与抗生素相似，并能降低血液中抗生素残留，其中添加 1%的中草药复方制剂替代效果最佳。

6.1.6.3 繁殖母猪

中草药能增强母猪和新生仔猪的抗病能力，显著提高繁殖母猪的生产性能。研究表明将党参、白术、熟地黄、白茯苓、当归、川芎、黄芪、白芍药、炙甘草等中草药复方制剂粉碎后，分别添加到配种前后各 10 d 和分娩前后各 20 d 的母猪日粮中，能够显著提高窝产活仔数和活仔猪初生窝重，能够极显著提高断奶前仔猪窝重。将菟丝子、淫羊藿、王不留行、益母草、续断、黄芪、当归、甘草中草药复方制剂经干燥和超微粉碎后，从 85 d 妊娠母猪日粮中开始添加，一直添加到断奶后 10 d，显著提高了窝产活仔数、初生个体均重、初生窝重，窝产弱仔数明显下降，发情率、情期受胎率和总受胎率均明显提高，断奶至再发情时间明显缩短。王明奎等(2012)将生地黄、牡丹皮、黄连、黄芩、栀子、赤芍、玄参、连翘、知母、甘草、桔梗、黄芪、淡竹叶、党参、苍术中草药复方制剂，先添加在妊娠 85～90 d 的母猪料中饲喂 3 d，待母猪临产前 1 周、产后 1 周，分别再连续饲喂 3 d 以预防母猪繁殖障碍性疫病，试验结果表明，上述复方制剂有效减少了母猪死亡数和流产数，窝均总仔数、窝均健仔数、产健仔率明显提高，产死胎率、木乃伊胎产生率均有所下降。

6.1.6.4 种公猪

中草药能明显提高种公猪的精液品质和机体抗体免疫水平，促进种公猪生产水平的不断提高。将熟地、山药、补骨脂、淫羊藿、菟丝子、五味子、车前子、覆盆子、肉桂中草药复方制剂添加到种公猪日粮中，可显著提高种公猪的精液品质，促进生殖激素的分泌。将巴戟天、淫羊藿、当归、牛膝、杜仲、阳起石、五加皮等中草药复方制剂添加到种公猪日粮中，公猪的精液量、精液 pH、精子密度、有效精子数和精子活率均有显著提高，顶体异常率、精子畸形率明显降低，且效应持久。将淫羊藿、巴戟天、杜仲、菟丝子、刺五加等中草药复方制剂添加到种公猪日粮中，可以通过调节激素水平改善精液品质，并提高种公猪精子活力、密度，降低畸形率。将黄芪、当归、菟丝子、淫羊藿、桑葚、枸杞、山茱萸、甘草中草药复方制剂，经乳酸菌生物发酵后添加到种公猪日粮中，能显著改善种公猪体内部分血液生理生化指标，使种公猪长期处于健康状态；并能显著提高猪体内疫苗免疫抗体水平，使疫苗充分发挥其作用，对种公猪具有很好的保护。

6.1.7　中草药存在的问题和发展方向

6.1.7.1　中草药现存的问题

近年来，随着对中草药的应用与研究不断增加，出现了一些问题，这些问题的存在使目前市场上的中草药不符合“微量、高效”这一饲料添加剂的基本功能原则，难以实现产业化和标准化，一定程度上影响着中草药添加剂推广和应用。

1. 资源问题

尽管我国天然中草药丰富，但是乱采乱挖野生中草药的现象十分严重，导致许多中草药资源有限，加上环境问题日益严重，疾病的发病率和变异率逐渐增高，中草药的需求量也日益增长，价格也逐渐升高。因此，如何解决中草药供需矛盾，是现代中草药研究的首要问题。

2. 成分复杂，质量标准不健全

中草药成分复杂，影响因素繁多，不同的地域、不同的季节、不同的采集时间和不同的炮制方法都会对其品质造成影响。目前，我国中草药饲料添加剂的用法和用量没有一个固定的标准，所以需要制定一套完整的方法用来检测其质量标准。

3. 产品技术含量低

中草药的作用研究多数在动物生产方面，缺乏对其药理、机理和毒性方面的研究。目前投放市场的中草药饲料添加剂绝大多数为散剂，其生产工艺落后，品种单一，生产设备简陋，加工简单粗糙，使用剂量普遍偏大，不仅增加了产品成本，浪费药物，而且也影响了饲料的营养配比。在生产过程中，有的生产厂家为降低生产成本，随意更改原配方，导致产品质量下降。现在全国各地名目繁多的产品中，产品科技含量高，质量过硬，效果确实，用户信赖的名牌产品不多，在提高畜禽生产性能、提高养殖业经济效益上难以承担主角，适应不了大规模、集约化畜牧业生产的需求。

4. 作用机理不明确

目前在生猪养殖中中草药添加剂的研究较多,但大多数都是研究其临床效果,而对复方中草药的配伍禁忌、君臣佐使和作用机理尚不明确,对中草药在机体内的转化等都未进行大量研究,少量的机理性研究也只是对某些中草药的有效成分如淫羊藿苷、益母草碱等,而在复方中草药这个整体和系统性的机理研究还未深入。

6.1.7.2 中草药的发展方向

1. 增加科技含量

目前对中草药添加剂的研究主要集中在临床应用和对部分有效成分的研究,而对于其作用机理、药理方面有待进一步加强研究,从多方面、多层次深入阐明其药效和作用机理,为其合理使用以及新产品的开发提供理论依据。加强高新技术在中草药饲料添加剂研发中的应用,这些高新技术的应用必将极大地促进其研究开发。

2. 制定质量标准

标准化是实现中草药饲料添加剂规模化应用的前提和基础。中草药的质量本身是受到很多因素影响的,因此要制定一套完整、全面的质量标准和管理制度,才能保证产品质量。

3. 实现微量高效

目前生产的中草药饲料添加剂,多以中草药粉碎、搅拌于饲料中使用,使用剂量普遍偏大,增加了运输成本,也影响饲料适口性,甚至降低了饲料的营养成分浓度等;因此,应加强对中草药饲料添加剂的研究,尽量提取出其药效物质和生物活性成分,实行微量化添加。

6.2 植物提取物

植物提取物是以物理、化学或生物学手段分离、提纯天然植物性原料(根、茎、花、叶、种子等)中的某一种或多种有效成分而形成的以生物小分子或高分子为主要成分、具有一种或多种生物学功能的活性物质。将其应用于饲料中,既能起到促生长、抑菌杀菌、抗氧化和免疫调节等功效,有效抑制细菌、病毒、寄生虫等的危害,降低发病率,促进动物免疫功能发育和维护肠道健康,提高动物生产性能,又具有天然、无毒副作用、无耐药性、无残留的优点,可减少抗生素耐药性、毒副作用和药物残留问题,提高动物产品质量和食用安全性。

生产中应用的植物提取物的种类繁多,主要是从植物的不同部位或全株植物中提取的产物,其活性成分的含量和功能会因使用部位、收获季节和产地的差异而不同。当前应用较多的主要是植物精油、多糖、皂苷、白藜芦醇、黄酮化合物、植物单宁等成分。

6.2.1　植物提取物的种类

6.2.1.1　植物精油

植物精油是从植物体组织器官中提取的一类芳香性油状液体，其发挥生物学作用的主要成分包括萜类的混合物以及许多低分子质量的脂肪族的烃类化合物。植物精油能够清除体内的自由基，发挥抗氧化的功能，同时它还具有调节肠道菌群平衡、杀灭病原菌、促进消化液分泌等功能，是目前应用较多的植物提取物。

6.2.1.2　植物多糖

常用的植物多糖是由10个以上、通常由几百甚至几千个单糖分子聚合而成的一类化合物，作为饲料添加剂对畜禽具有免疫调节、抗肿瘤、抗衰老等多种生物学功能，且具有毒副作用小、在动物体内和产品中不易造成残留等优点。

6.2.1.3　皂苷

皂苷在化学结构上是高分子质量的苷类，即糖与三萜烯或是甾族的糖苷配基结合在一起形成的一种化合物。在传统营养学里，皂苷常被视为抗营养因子，但后来研究表明，添加适宜剂量的皂苷到反刍动物或单胃动物的饲粮中能发挥多种有益的生物学功能。

6.2.1.4　白藜芦醇

白藜芦醇是一种非黄酮类的多酚化合物，存在于多种植物中，结构上存在顺式和反式2种构型，紫外线可促进其由顺式向反式异构体的转化。白藜芦醇能够提高动物体内抗氧化酶的活性，增强机体抗氧化能力，同时还能降低炎性因子的含量，一定程度上减轻机体的炎症反应。

6.2.1.5　黄酮类化合物

黄酮类化合物是多酚类化合物中一个亚类，可增加蛋白质的周转率，具有抗炎症、抗氧化的功能。植物单宁又称植物多酚，是广泛存在于植物体内的一类多酚化合物。一直以来单宁被认为是抗营养物质。饲料中的单宁会与蛋白质结合，从而降低饲料蛋白质降解率。

6.2.2　植物提取物的作用机理

6.2.2.1　促生长作用

植物提取物可以提供对动物的生命功能、活力和产品品质具有重要作用的微量营养成分，形成畜产品肉、蛋、奶色香味的风味物质、生物活性成分和功能性营养。植物提取物作为抗生素、生长促进剂的替代物，具有天然特殊气味，尤其是精油、香料、甜味剂等，可以起到诱食作用，增加采食量和饲料利用率，提高动物生产性能。此外，植物提取物中某些具有生物活性的物质如小肽，可以作用于靶腺，有传递信息、影响中枢神经系统的功能，可促进激素内分泌，从而促生长。香芹酚和百里香酚一方面能加速成熟肠上皮细胞的更新，并促进消化道内皮层的成熟，刺激肠道绒毛发育，增加小肠的消化吸收面积；另一方面能使胃肠道兴奋，促进肠道各种消化酶的分泌，促进消化吸收，从而提高对饲料的消化利用率。

6.2.2.2 抑菌杀菌作用

大多数植物提取物都具有抗真菌、细菌及其他微生物的活性。植物提取物中的活性成分如酚类、醇类、醛类物质，可以进攻细菌或微生物的细胞膜或细胞壁，通过使细胞膜中的蛋白质变性或与细胞膜上的磷脂发生反应，破坏细胞膜通透性，引发细胞内容物外泄或干扰蛋白质和细胞壁的合成，最终引起细菌或微生物生长受到抑制甚至死亡。如紫苏提取物含有多种黄酮类化合物和植物多酚类物质，表现出很强的抗氧化活性、抑酶特性和抑菌特性，可抑制金黄色葡萄球菌和大肠埃希菌的生长。

6.2.2.3 抗氧化作用

植物提取物中醛类、酚类及其衍生物都具有很强的抗氧化功能，能清除自由基、抑制膜上脂质和螯合金属盐的过氧化反应并能激活增强抗氧化酶的活性。特别是植物精油、甾醇和黄酮等，一方面可通过提高抗氧化酶的分泌和活性来增强机体抗氧化功能，另一方面可以通过降低机体脂质氧化物质如丙二醛的含量防止脂质过氧化损伤。例如，槲皮苷是一种黄酮类物质，具有抗菌、抗炎、抗病毒活性，同时是安全无毒的天然抗氧化剂，具有极强的抗氧化能力，体内和体外抗氧化活性均高于维生素 E 和维生素 C，可以节省维生素 E 和维生素 C 的添加量，并提高饲料蛋白质利用率，降低粪尿中氮和磷的排泄。

6.2.2.4 免疫调节作用

植物提取物可以通过多条信号途径发挥免疫调节功效，促进动物免疫功能发育，增强免疫系统，发挥出动物体自身的最大生长潜力和最佳抗病防病能力。例如，玫瑰茄花萼水提取物所含的多糖类可通过与免疫活性细胞表面的多种受体结合，刺激免疫细胞的分泌或增殖，调节细胞因子的释放，激活不同的信号通路和补体系统来调控免疫系统，具有显著的免疫增强活性；紫锥菊提取物所含的活性成分菊苣酸具有细胞吞噬促进作用和抗炎抗病毒活性，所含的多糖、多酚及咖啡酸衍生物可刺激巨噬细胞增加肿瘤坏死因子、干扰素、白细胞介素的数目，活化免疫系统，增强非特异性 T 细胞的活性。

6.2.3　植物提取物在猪生产中的应用效果

6.2.3.1　仔猪

曹璐(2010)在断奶仔猪饲粮中分别添加0.02%的植物提取物，采食量提高16.17%。刘超良等(2009)给21日龄断奶仔猪饲喂大蒜素后，腹泻率降低45.6%。张志宏等(2009)早期饲喂断奶仔猪沙棘提取物发现，沙棘提取物能显著增加眼肌面积，降低肌内脂肪含量。Trevisi等(2007)饲喂断奶仔猪百里香酚，其血清免疫球蛋白A和血清免疫球蛋白B的含量均增加，胃中TNF-α的mRNA丰度降低，表现抗炎特性。Wang等(1997)研究证实，大豆黄酮促进机体T淋巴细胞产生白介素-2和白介素-3。于会民等(2005)发现，饲喂断奶仔猪天然植物提取物(主要活性成分为植物寡糖和类黄酮)可以促进抗体产生和补体合成。

6.2.3.2　生长育肥猪

武进等(2013)研究复合植物提取物对生长育肥猪生长性能影响的试验结果表明，高剂量植物提取物(植物多糖、茶多酚、类黄酮等)能显著提高中猪育肥猪的平均日增重。李成洪等(2012)的试验显示植物提取物(杜仲、女贞子、黄芪等提取物)组的平均日增重比空白对照组高8.87%。王辉等(2003)、李文彬(2000)、田允波等(2003)在仔猪和生长肥育猪方面的试验结果也基本一致。刘荣珍等(2007)、惠晓红等(2007)的试验研究也均证实了植物提取物对猪只免疫机能的调节作用。朱碧泉等(2011)在育肥猪饲粮中添加植物提取物(精油约40%，主要为芳香族类化合物)增强猪肉抗氧化能力，丙二醛含量显著降低，超氧化物歧化酶活性明显提高。涂兴强(2013)探讨植物提取物糖萜素和大蒜素饲喂育肥猪的试验效果表明，糖萜素和大蒜素均能改善猪肉肉色和提高肌内脂肪，对肌肉氨基酸含量和胆固醇含量也有不同程度的影响。陈颋(2014)饲喂肥育猪绿豆提取物的试验结果同样显示植物提取物能显著影响肉色、剪切力、大理石纹指标。刘彦等(2006)试验研究报道植物提取物菊粉有效降低猪肉背膘中3-甲基吲哚含量，减少猪肉不良异味。

6.2.3.3　繁殖母猪

孙明梅等(1995)的研究结果表明饲喂哺乳母猪0.5%植物提取物饲料添加剂能明显改善哺乳母猪的生产性能，20日龄和35日龄断奶窝重分别提高16.41%和19.12%，全期的泌乳量提高21.25%，发情间隔缩短15.6%，下一胎窝产仔数提高27.27%。张鹤亮等(1995)、侯晓礁等(2009)也均证明植物提取物能改善母猪的生产性能。潘存霞(2007)的研究表明，饲粮中添加蒿属植物提取物可极显著提高血清总蛋白和白蛋白含量。张庆荣等(1995)饲喂妊娠母猪大豆黄酮后，其血清和初乳中猪瘟抗体水平分别提高41%和44%。

6.2.4 植物提取物存在的问题

6.2.4.1 工艺复杂

植物提取物的功能性成分按其化学结构是属于多糖、酚、酮、醚、醛、烃、萜等物质，很多物质的提取工艺相对复杂，使用到许多有机有毒试剂，其安全性没有很好的保证，且所用试剂成本也较大，所以提取工艺很多还停留在实验室阶段，产业化生产还存在工艺上的技术壁垒，因此有些植物提取物价格较高，大范围的使用还存在很多问题。

6.2.4.2 纯度不足

提取的物质往往是几种成分的混合物，不能单独提纯阐明结构，而无法在工厂大规模的生产合成。当前只有白藜芦醇、单宁、皂苷等少数蕴含在植物中的物质能够提纯，且结构明确，而大多数物质的纯度不高，且很难明确界定结构。即便是同一种植物，由于种植地点、收获时间、取样位置、提取工艺的差异，所得到的提取物的成分也会有较大差异，对动物的作用效果也不同。即使是同一植物提取物在不同范围内应用得到的结果也可能不一致，甚至是相反的。

6.2.4.3 作用机理不明确

植物提取物常具有多种生物学功能，当前的研究多采用利用现代分子生物学和细胞生物学技术来阐明其作用机理。但由于当前在提取工艺上难以获得纯品，不能明确地阐明其作用机理。由于作用机制不明确，某些植物提取物使用时可能会对使用者造成皮炎过敏等。对于植物提取物是通过怎样的途径作用于靶器官而完成体内免疫调控等各生物学功能的作用机制还不清楚，有待进一步研究阐明。同时植物提取物在激素调节、肠道免疫、基因调控等方面的机理研究尚停留在推测和分析阶段，缺乏系统的科学依据与结论。

思考题

1. 中草药的作用机理有哪些？
2. 目前植物提取物的主要种类有哪些？
3. 简述植物提取物目前存在的问题。

参考文献

[1] 敖礼林，阴祖庆. 甘薯渣、木薯渣和啤酒糟的微生物发酵处理与饲喂技术[J]. 科学种养，2015(10)：47-48.

[2] 陈国营，陈丽园，刘伟，等. 发酵菜粕对蛋鸡粪便和饲料微生物菌群数量及蛋品质的影响[J]. 家畜生态学报，2011，32(1)：36-41.

[3] 陈立华. 生物饲料在畜牧业生产中的应用[J]. 畜牧与饲料科学，2014(7)：28-29.

[4] 陈玉龙，周艺，曾丹，等. 发酵豆粕对保育猪生长环境、生长性能及生化免疫指标的影响[J]. 饲料工业，2015，36(21)：37-40.

[5] 邓雪娟，于继英，刘晶晶，等. 我国生物发酵饲料研究与应用进展[J]. 动物营养学报，2019，31(5)：1981-1989.

[6] 樊懿萱，王锋，王强，等. 发酵木薯渣替代部分玉米对湖羊生长性能、血清生化指标、屠宰性能和肉品质的影响[J]. 草业学报，2017，26(3)：91-99.

[7] 巩德球，关玮，陆逵，等. 热带地区乳酸菌发酵饲料对育肥猪生产性能的影响[J]. 饲料工业，2012，33(15)：26-28.

[8] 巩德球，关玮，陆逵，等. 热带地区乳酸菌发酵饲料对育肥猪生产性能的影响[J]. 饲料工业，2012，33(15)：26-28.

[9] 桂丹. 酶解棉粕蛋白肽对异育银鲫的营养调控作用及抗应激能力的研究[D]. 南京：南京农业大学，2009.

[10] 郭小华，刘明，李文辉，等. 酵母培养物对断奶仔猪生长性能、粪便菌群和血液指标的影响[J]. 中国畜牧杂志，2017，53(6)：106-111.

[11] 何东平，程雪，马军，等. 超声辅助复合酶酶解制备大豆多肽工艺的优化[J]. 中国油脂，2018，43(7)：72-76.

[12] 胡新旭，周映华，卞巧，等. 无抗发酵饲料对生长育肥猪生产性能、血液生化指标和肉品质的影响[J]. 华中农业大学学报，2015，34(1)：72-77.

[13] 胡新旭，周映华，刘惠知，等. 无抗发酵饲料对断奶仔猪生长性能、肠道菌群、血液生化指标和免疫性能的影响[J]. 动物营养学报，2013，25(12)：2989-2997.

[14] 黄强，朱秋凤，孙亚楠，等. 生物发酵饲料在养猪生产中的应用研究进展[J]. 中国畜牧杂志，2018，54(10)：20-23.
[15] 黄艺伟. 蛋白水平发酵豆粕对樱桃谷肉鸭生产性能影响及作用机理[D]. 福州：福建农林大学，2012.
[16] 贾志春，张珍，张盛贵，等. 木瓜蛋白酶酶解牦牛血红蛋白制备氯化血红素关键工艺研究[J]. 食品工业科技，2016，37(3)：206-210，215.
[17] 简志银，刘镜，张晓可，等. 生物饲料研究应用进展[J]. 贵州畜牧兽医，2021，45(1)：4-8.
[18] 姜德田，汪毅，黄旭雄，等. 低鱼粉饲料中添加酶解豆粕对凡纳滨对虾生长性能和抗胁迫机能的影响[J]. 水产学报，2020，44(6)：999-1012.
[19] 蒋金津，李爱科，陈香，等. 不同处理的棉菜籽粕在肉鸡消化道小肽释放特性的研究[C]. 2010 中国畜牧兽医学会动物营养学分会第六次全国饲料营养学术研讨会论文集. 杨凌：中国畜牧兽医学会，2010.
[20] 金菲. 酶解猪血球蛋白粉的制备及饲喂效果的研究[D]. 武汉：武汉工业学院，2008.
[21] 金桩，彭健，胡新文，等. 乳酸菌发酵饲料对生长猪生产性能的影响[J]. 粮食与饲料工业，2010(3)：37-40.
[22] 康晖，肖玉梅，陈琼. 动植物废弃物混合发酵物对断奶仔猪生产性能的影响[J]. 饲料工业，2013(18)：32-34.
[23] 李猛. 浒苔生物饲料的制备工艺及在刺参养殖中的应用研究[D]. 上海：上海海洋大学，2016.
[24] 李婷，赵沙沙，阮奇珺，等. 碱性蛋白酶和木瓜蛋白酶对热变性大豆分离蛋白的酶解研究[J]. 中国油脂，2014，39(4)：35-37，38.
[25] 李旋亮，李建涛，潘树德，等. 发酵饲料对断奶仔猪肠道肠黏膜形态的影响[J]. 饲料工业，2014，35(4)：38-41.
[26] 李艳伟，江波，佟祥山. 酶解猪血蛋白中活性肽的纯化和功能研究[J]. 高等学校化学学报，2005，26(1)：61-63.
[27] 李莹，周剑忠，王维权，等. 菠萝蛋白酶酶解小麦降低过敏性[J]. 中国粮油学报，2016，31(5)：56-60.
[28] 刘春娥，林洪，单俊伟，等. 鱿鱼内脏蛋白质酶解工艺的研究[J]. 食品工业科技，2004，25(9)：83-85，82.
[29] 刘攀，王建萍，白世平，等. 不同营养水平饲粮添加大豆酶解蛋白对蛋鸡生产性能、蛋品质、养分表观利用率及肠道形态的影响[J]. 动物营养学报，2019(3)：1127-1137.

[30] 孟凌玉.虾头酶解产物微生物混合发酵工艺及其风味成分的变化[D]. 湛江:广东海洋大学,2013.
[31] 彭忠利,郭春华,柏雪,等.微生物发酵饲料对山羊生产性能的影响[J]. 贵州农业科学,2013,41(6):134-137.
[32] 谯仕彦,侯成立,曾祥芳.乳酸菌对猪肠道屏障功能的调节作用及其机制[J]. 动物营养学报,2014,26(10):3052-3063.
[33] 沈峰,王恬,张莉莉,等.小肽制剂对肥育猪生产性能、屠宰性能及血清生化指标的影响[J]. 中国饲料,2006(2):30-32.
[34] 史慧玲,杨福,郝晓鸣,等.不同的益生菌组合对保育猪粪污氮磷减排的影响[J]. 饲料研究,2015(10):24-27.
[35] 孙汝江,吕月琴,高明芳,等.微生物发酵饲料在蛋鸡生产中的应用研究[J]. 中国饲料,2012(15):12-14,26.
[36] 田刚,陈代文,余冰,等.酶解鸡蛋清小肽混合物对小鼠免疫功能的影响[J]. 中国畜牧杂志,2005,41(5):14-17.
[37] 万琦,陆兆新,高宏.脱苦大豆多肽产生菌的筛选及其水解条件的优化[J]. 食品科学,2003,24(2):29-32.
[38] 汪以真,王成,靳明亮,等.生物发酵饲料与生猪健康养殖[J]. 饲料工业,2021,42(2):1-6.
[39] 王铵静,杨奇慧,谭北平,等.大豆酶解蛋白对凡纳滨对虾幼虾生长性能、血清生化指标、非特异性免疫力和抗病力的影响[J]. 广东海洋大学学报,2018,38(1):14-21.
[40] 王长彦. 微生物发酵饲料替代饲用抗生素技术在商品猪生产中的应用研究[D]. 杨凌:西北农林科技大学,2008.
[41] 王俊,安莉.乳酸菌发酵饲料对猪生长性能和猪舍环境的影响[J]. 饲料工业,2012,33(10):60-62.
[42] 王诗琦,刘显军,陈静,等.蛋白质饲料的酶解工艺及酶解蛋白在畜牧生产中的应用[J]. 动物营养学报,2019,31(4):1547-1553.
[43] 王文娟,潘海涛,于磊娟.豆粕发酵制备大豆肽的研究[J]. 粮食加工,2007,32(2):55-56.
[44] 王雪铭,许程剑,牛博楠,等.胃-胰蛋白酶联合酶解阿魏菇蛋白制备抗氧化多肽[J]. 食品研究与开发,2015,36(6):22-27.
[45] 王永强,谢红兵,张宁,等.微生物发酵饲料的应用与展望[J]. 河南科技学院学报(自然科学版),2019,47(6):49-53,63.
[46] 王永强,张晓羊,刘建成,等.嗜酸乳杆菌发酵棉籽粕对黄羽肉鸡肌肉营养成

分和风味特性的影响[J]. 动物营养学报,2017,29(12):4419-4432.
[47] 魏炳栋,党修利,邱玉朗,等.乳酸菌固态发酵酶解对豆粕、棉籽粕和菜籽粕粗蛋白质、pH、酸度及抗营养因子含量的影响[J]. 中国畜牧兽医,2014,41(11):107-114.
[48] 温凯欣,司振书.猪用乳酸菌发酵饲料的研究现状[J]. 当代畜牧,2016(27):32-34.
[49] 翁洋.微生物发酵法酶解蛋白及其对黄羽肉鸡生产性能和肠道菌群的影响[D]. 雅安:四川农业大学,2008:42-48.
[50] 吴东,徐鑫,杨家军,等.发酵菜籽粕替代豆粕对肉鸡生长性能、肉品质及血清生化指标的影响[J]. 中国畜牧兽医,2015,42(10):2676-2680.
[51] 吴小燕,郭春华,王之盛,等.微生物发酵饲料对泌乳奶牛生产性能和饲粮养分表观消化率的影响[J]. 动物营养学报,2014,26(8):2296-2302.
[52] 吴妍妍,张文举,聂存喜,等.发酵棉粕对肉鸡生长性能、血液理化和免疫指标的影响[J]. 饲料研究,2013(8):8-12.
[53] 夏薇,刘文斌,乔秋实,等.棉粕酶解蛋白肽对建鲤生产性能和生化指标的影响[J]. 淡水渔业,2012,42(1):46-51.
[54] 于辉,冯健,刘栋辉,等.酪蛋白小肽对幼龄草鱼生长和饲料利用的影响[J]. 水生生物学报,2004,28(5):526-530.
[55] 于会民,蔡辉益,陈宝江,等.酶解蛋白对肉仔鸡生长性能及血清生理生化指标的影响[J]. 饲料工业,2006,27(1):37-39.
[56] 俞卓科,陈瑶瑶,陈婷婷,等.微生物发酵缢蛏酶解液工艺研究[J]. 食品科技,2014,39(5):251-254.
[57] 张遨然,魏明,王红梅,等.生物发酵饲料在无抗养猪生产上的应用研究进展[J]. 猪业科学,2021,38(1):42-46.
[58] 张琳琰.发酵豆粕对不同阶段生猪生长性能及健康状况的影响研究[D]. 上海:上海交通大学,2015.
[59] 张伟伟,邵淑丽,徐兴军.马铃薯渣发酵饲料饲喂肉鸡效果的研究[J]. 中国家禽,2011,33(16):64-65.
[60] 张晓羊,王永强,张文举,等.嗜酸乳杆菌发酵棉粕对黄羽肉鸡生长性能、屠宰性能及血液生化指标的影响[J]. 动物营养学报,2016,28(12):3885-3893.
[61] 张勇,刘国华,王教长.微生物发酵饲料对奶牛生产性能的影响[J]. 今日畜牧兽医:奶牛,2010(4):61-62.
[62] 张宇婷,张荣飞,晨光.酶解蛋白在畜牧生产中的应用及发展趋势[J] .饲料广角,2015(23):42-45.

[63] 赵处杰,杨峰. 日粮中酶解蛋白肽替代鱼粉对异育银鲫产生的影响[J]. 科学养鱼,2007(5):65-66.

[64] 周乃继. 棉籽肽饲料开发与小肽的检测[D]. 合肥:安徽农业大学,2009:53-54.

[65] 禚梅,郭鹏举,马贵军. 发酵棉粕代替豆粕对蛋鸡产蛋后期生产性能的影响[J]. 饲料与畜牧,2012(1):14-15.

[66] ASHAYERIZADEH A, DASTAR B, SHAMS S M, et al. Fermented rapeseed meal is effective in controlling *Salmonella enterica* serovar Typhimurium infection and improving growth performance in broiler chickens[J]. Vet Microbiol, 2017, 201: 93-102.

[67] CHEN W, ZHU X Z, WANG J P, et al. Effects of *Bacillus subtilis* var. *natto* and *Saccharomyces cerevisiae* fermented liquid feed on growth performance, relative organ weight, intestinal microflora, and organ antioxidant status in Landes geese[J]. J Anim Sci, 2013, 91(2): 978-985.

[68] CHIANG G,LU W Q,PIAO X S,et al. Effects of feeding solid-state fermented rapeseed meal on performance,nutrient digestibility,intestinal ecology and intestinal morphology of broiler chickens[J]. Asian-Aust J Anim,2010,23(1):263-271.

[69] HOU C, ZENG X, YANG F, et al. Study and use of the probiotic *Lactobacillus reuteri* in pigs: a review[J]. J Anim Sci Biotechno, 2016, 6(1): 14-21.

[70] KACZMAREK S A, COWIESON A J, JÓZEFIAK D, et al. Effect of maize endosperm hardness, drying temperature and microbial enzyme supplementation on the performance of broiler chickens[J]. Anim Prod Sci, 2014, 54(7): 956-965.

[71] LIU Q,KONG B H,XIONG Y L,et al. Antioxidant activity and functional properties of porcine plasma protein hydrolysate as influenced by the degree of hydrolysis[J]. Food Chemistry,2010, 118 (2): 403-410.

[72] NIE CX,ZHANG W J,GE W X,et al. Effects of fermented cottonseed meal on the growth performance, apparent digestibility, carcass traits, and meat composition in yellow-feathered broilers[J]. Turk J Vet Anim Sci, 2015,39(3):350-356.

[73] ROJAS-GARCÍA C, RØNNESTAD I. Assimilation of dietary free amino acids,peptides and protein in post larval Atlantic halibut (*Hippoglossus hippoglossus*)[J]. Marine Biology,2003,142(4):801-808.

[74] SONG Z D, LI H Y, WANG J Y, et al. Effects of fishmeal replacement with soy protein hydrolysates ongrowth performance, blood biochemistry, gastrointestinal digestion and muscle composition of juvenile starry flounder (*Platichthys stellatus*)[J]. Aquaculture, 2014, 426-427: 96-104.
[75] TANG J W, SUN H, YAO X H, et al. Effects of replacement of soybean meal by fermented cottonseed meal on growth performance, serum biochemical parameters and immune function of yellow-feathered broilers[J]. Asian-Aust J Anim, 2012, 25(3): 393-400.
[76] WANG P, FAN C G, CHANG J, et al. Study on effects of microbial fermented soyabean meal on production performances of sows and suckling piglets and its acting mechanism[J]. J Anim Feed Sci, 2016, 25(1): 12-19.

附录 拓展资源

请登录中国农业大学出版社教学服务平台“中农 De 学堂”查看：

1. 中华人民共和国农业农村部公告 第 194 号
2. 中华人民共和国农业部令 2013 年 第 2 号
3. 中华人民共和国农业部公告 第 2292 号
4. 兽用处方药品种目录(第一批)(中华人民共和国农业部公告 第 1997 号)
5. 兽用处方药品种目录(第二批)(中华人民共和国农业部公告 第 2471 号)
6. 兽用处方药品种目录(第三批)(中华人民共和国农业农村部公告 第 245 号)